U0180129

翡翠图鉴

珠玉养德

张野 著

华中科技大学出版社
http://www.hustp.com
中国·武汉

图书在版编目(CIP)数据

翡翠图鉴：珠玉养德 / 张野著. — 武汉：华中科技大学出版社，2022.7
　　ISBN 978-7-5680-8250-1

Ⅰ.①翡… Ⅱ.①张… Ⅲ.①翡翠－鉴赏－图集Ⅳ.①TS933.21-64

中国版本图书馆CIP数据核字（2022）第077644号

翡翠图鉴：珠玉养德　　　　　　　　　　　　　　　　　　张野　著
Feicui Tujian: Zhu Yu Yang De

总　策　划：亢博剑
策划编辑：陈心玉
责任编辑：章　红
责任校对：曾　婷
封面设计：三形三色
责任监印：朱　玢
出版发行：华中科技大学出版社（中国·武汉）　　　电话：（027）81321913
　　　　　武汉市东湖新技术开发区华工科技园　　　邮编：430223
印　　刷：湖北新华印务有限公司
录　　排：麦莫瑞文化有限公司
开　　本：880mm×1230mm　　1/32
印　　张：7.875
字　　数：168千字
版　　次：2022年7月第1版第1次印刷
定　　价：98.00元

作者简介

张野

武汉大学网络教育学院珠宝专业讲师

湖北收藏家协会珠宝分会翡翠专业讲师

亚洲宝石协会（GIG）联教考试中心翡翠专业讲师

翡翠鉴定师、估价师

具有十几年翡翠贸易的经验

已出版《看图识翡翠：美玉传世》

序一

　　我非常高兴为《翡翠图鉴：珠玉养德》撰写序言。这本书为读者朋友了解翡翠的各个方面提供了一个机会。拿到这本书稿时，我很欣慰，因为我知道他是一位擅长解读事物的作者，对翡翠有着独到的见解和系统性的思考。中国的翡翠文化，如果能够时尚起来，让更多的年轻朋友感到有趣，触摸到翡翠的历史质感，这当然是一件好事。

　　我身边多有珠宝翡翠界的专业人士，自与张野交谈，我认为他是一位对翡翠颇有研究的学者。国内论述翡翠及其发展史的不乏其人，出版著作亦不鲜见，但作者张野能独辟蹊径，用深入浅出的文字，讲述了翡翠的演变和历史，力求将翡翠融入现代人的生活与审美情趣当中，拓展了读者对翡翠行业的认知，弘扬了中华传统文化和玉文化。

　　《翡翠图鉴：珠玉养德》一书史料翔实，其内容包括：翡翠的起源，历史上的翡翠应用，经典玉器的辨识、鉴赏，蕴含的人文意义，以及现代在兵器、礼器、配饰上的典型器形的工艺和历史意义；翡翠的发展，从玉石的基本分类，古人管理的玉石、玉矿，到玉石被赋予的价值和意义；翡翠的工艺与鉴赏，同时附录各翡翠雕刻题材的文化寓意。

编撰这样一本书，作者需要花费大量的时间和精力，收集、梳理、分析、归纳1000多年以来的相关资料。综观全书，作者以时间和空间为脉络框架，将文字叙述和图像相结合，图文并茂，流畅生动。翡翠端庄静穆，温润剔透，无不体现中华文化的温厚与谦和。

《翡翠图鉴：珠玉养德》一书既是一部讲述翡翠发展史的著作，也是一本适用于多场景的翡翠实用指南。我衷心祝贺这部作品即将付梓，谨就这篇序言为之推介。

中国地质大学（武汉）原副校长

郝相勤

序二

美德千古玉翡翠

　　天下珍贵之物，概称宝贝。玉，无疑是宝中至宝。玉字在王字间加一点，意谓玉历来为王侯将相所倚重。从史上发现的众多珍贵遗存，可知应该如是。《新华字典》释玉"为矿物的一种"。《辞海》谓玉"温润而有光泽的美石"。《辞海》的释义较《新华字典》，既有文采且具人文精神。许慎《说文解字》定义玉，仅用四个字："石之美者"，一"美"字，道出人、玉关系，简洁精妙。《易·鼎卦》曰："玉者，坚刚而有润者也"，将玉拟人化，却忽略了石头本性。玉是石头，又不是石头。石头、玉、翡翠是一个家族，只是概念、属性不同。恰如英雄、能人、庶民，又恰如茶、绿茶、龙井。石头是玉之母；玉是石头，是稀奇的石头。翡翠是玉之精华，稀有中的稀有。天下石头，不知何其多矣！可化而为玉，形成翡翠，何其少哉！少则贵。

　　涵玉之石，表象多丑；美丑辩证，谐为一体。当年卞和抱块难看石头找楚王，说是宝石，楚王以为诳，削其左脚。楚王儿子继位，卞和再奉此石，又被削其右脚。老楚王孙子继位，卞和殿前跪哭，三献其石，新王异之，着玉人破石，得和氏璧，价值连城。中国人宝玉，由来久之，春秋以降，因为玉，发生了诸如完璧归赵、宁为玉碎等诸多离奇故事。几千年间，人们爱玉一如既往，乐此不疲，想来有着深厚缘由。当下考古重大发现，皆少不得玉饰物件。但凡重要博物馆院，必设玉器专馆专柜。考古的持续发现，佐证了玉与人类文明进化之关系，留下了不同时代丰富的文化史料信息。

人们为何重玉？因为人们向往美好。人类在与物质世界长期共存中，发现玉这种东西有精气神。《说文》谓玉有五德。《礼记·聘义》曰："君子比德于玉焉。温润而泽，仁也。缜密以栗，知也。廉而不刿，义也。垂之如队，礼也。叩之，其声清越以长，其终诎然，乐也。瑕不掩瑜，瑜不掩瑕，忠也。孚尹旁达，信也。气如白虹，天也。精神见于山川，地也。圭璋特达，德也。天下莫不贵者，道也。"这样崇玉，竟上升到哲学层面。玉之珍贵不仅仅因为稀少，更重要的是它具有精神禀赋，使人感受到玉是自然精灵，与人有神采通会，所以玉喻君子之德，燥不轻，温不重，故而宝之。人们赋予玉人格，譬如形容人美，谓之玉容、玉颜；形容声音好听，谓之玉音、玉声；形容人体的尊贵，谓之玉体、玉趾；形容事业成功谓之玉成；形容美食，谓之玉食珍馐。这种情结，其实是人们向美向善的主观表达。所以，佩戴或收藏玉与翡翠，更多呈现的是人们的精神需求。

当然，玉与翡翠说到底不过物耳。史上因玉成者、因玉毁者，不乏众例。不为物喜、不以物悲，是谓真君子。而况饥不得食，寒不得衣之时，玉也贱不如衣食。故英雄遭难，秦琼卖马；安史起乱，玉人俱焚。凡宝物存续得失，皆以合道为上。

现今天下，玉与翡翠走入民间，收藏与佩戴成为时尚，但审美与鉴别之知识，一般人不具备。许多玉店做赌石生意，便是考验人穿石见宝之眼光。权且不论真假，即或真玉真翡翠，也有许多层级，如何鉴别，有大学问。许多人佩戴赝品，自以为宝，恰如喝惯了假茅台，偶尔喝真茅台竟以为假，又奈其何？毕竟人的知识范域有限，不可能行行精通。何如？就教于专业人士，便是智慧之举。三人行，必有我师。青年俊彦张野，年纪虽少，浸润于玉与翡翠多年，颇有研究与心得，今再次结集宏论，可以师我，可以师人，幸甚铭志也哉。

2021年端午节于远斋南窗

葛昌永

写在前面的话

乱成藏金，盛世玩玉。

我们祖国日益发展，逐渐强大，中国文化对国际影响力也越来越深。人们的物质生活越来越好，更多的人开始追求精神上的富足。黄金是全球硬通货，由于质软，多数人会选择K金作为配饰。黄金比起稀缺的翡翠要相对容易获取，翡翠并不是我国有的玉种，那我们怎么会对这个舶来品有如此大的兴趣呢？

近年来电商、自媒体的兴起，让更多人关注到玉石之王——翡翠。追根溯源，有哪些重要人物喜爱它，哪些重大历史事件有它的参与，它见证了哪些历史的变革，在这本书中会一一道来。人类从爱美石到爱玉石，再到钟情翡翠的过程有5000多年，我很难把所有的知识汇总，只能尽全力来精炼翡翠的起源、发展和传承。本书的完成，要特别感谢葛昌永先生，他在语言组织、历史资料整理等方面给予了我诸多指导。

翡翠是玉的一种。虽然全球出产地有20多个，但真正宝石级别的只有我们邻国缅甸有。它的颜色、质地非常丰富，可塑性非常强，相比其他几种世界公认宝石，翡翠更具有中国特色，好像就是专门为华人而存在的玉石，当然喜欢它的外国友人也非常多。

古人敬玉、爱玉、藏玉，是因为它的颜色、质地多样化，特别是设计雕刻，展现了我们几千年的历史文化，寄寓着很多美好的品德和期望。从最初帝王将相专属，到后来人们互相媲美、竭力赞颂、争相佩戴。

当我们的祖先还未将石、玉完全区分的时候，会把颜色漂亮、撞击时声音清脆的石头，雕琢成特殊形制，用来作乐器，用来和天地四方对话，用来代表权力。

翡翠学是一门深奥的学问，我将从原石、切片、设计、雕刻、打磨、镶嵌等实际操作中，一步步总结、整理，再运用图片来举例说明，尽可能将每个环节的细节都展现在这本书里。希望能给读者更多的参考，并将理论知识融会贯通，在实际操作中，多看少买，遇到合适的翡翠后再做选择。

我写这本书的初衷和上一本书《美玉传世：看图识翡翠》有很大区别。《美玉传世：看图识翡翠》是为了让没接触过翡翠的朋友能快速入门，而这本是为初入门的朋友精心整理创作的，相信爱好、新入行的朋友读完后，能扩充更多的知识点，在欣赏、挑选心仪翡翠的时候，可以掌握更多的业内信息。当然，这本书也适用于行内的朋友，培训员工时，可作为一本工具书。在理解题材寓意时，我们总要花费大量精力来查阅。在本书中，我将大部分雕刻题材整理出来，就是希望能帮从业人员节省更多时间，快速满足销售需求。

翡翠是一门非常深奥的学问，我一直在探索和学习中。愿翡翠作品能给大家带来幸福的体验，更能因为它独特的美，心生愉悦，灵魂得以滋润。

目录

第二部分 / 031
珠玉养德——玉石的发展

附录 / 143

第一部分

美石通灵

——玉石的起源

第一章　石和玉的区别

古人是怎么区分石和玉石的

灵字古写为"靈"，后写为"靈"。从这两个字的结构上就可以看出，在古代先民的意识中，玉与巫相通，巫是神灵意志的表达者，玉是神灵精神风貌的体现。巫、神、玉，三位一体相互依存的关系，是原始社会中神权政治的集中体现。当原始巫术走向消沉，巫、神、玉三位一体又走向了王、神、玉三位一体。早期甲骨文中"王"字写作"大"，意思是"至大唯一"。发展到殷商早期，民间崇天观念加深。在人们心中，天帝至上。于是"王"字便写成了"天"字，意思是"天下唯一"。再后来由于"天人合一"思想的确立，用三横代表天、地、人，用一竖贯穿之，于是就构成了"王"字的形体。最后因玉在人们心目中不可替代的神圣地位，于是将三横寓意三块玉，这三块玉石象征天、

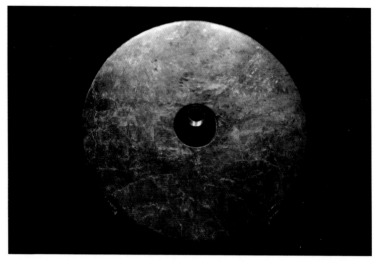

▲ 玉璧

地、人。

在原始社会时期，人们制作石器一般会就地取材。古人在漫长的生产实践中，偶然会遇到一些美石，逐渐认识了玉的美，还有玉的那种温润而有光泽的质感，所以最早出现的玉器都是用来作装饰品的。人们用磨制石器的方法，将玉料琢磨成各式各样的装饰品。

在当时人们的思想意识中，并不存在"玉"的概念，处于玉、石不分的阶段。这个阶段，时间长达数十万年。即便在科学技术非常发达的今天，从矿物知识来看，也没有一条绝对的界限来划分哪些是玉石，哪些不属于玉石。

古人在长期的生产实践当中，是以颜色来区分玉和石头的，并积累了一些重要的经验和法则。这些经验和法则主要是以色辨玉，从石头中区别和拣取出"美石"。

在先秦的文献中，假玉一般叫作"碈"或"珉"，也就是似玉的石头。《说文解字》中记载，到汉代，人们不仅能分出真玉和假玉，而且在此基础上将玉石按质地分为美玉、玉、石之次玉者、石之似玉者、石之美者五个等级。

清康熙皇帝亲自主持编撰的《渊鉴类函》引用了《潜确居类书》中的一句话："玉有五色。白、黄、碧俱贵。白色如酥者最贵。餐色油然及有雪花者皆次之。黄贵，色如栗者谓之甘黄，焦黄者次之；碧色青如蓝黑者为上，或有细黑星及色淡者次之。亦有赤玉，红如鸡冠，最贵，而世少见。绿玉，深绿色者为佳，淡者次之。甘青玉，其色淡，青而带黄。菜玉，非青非绿，色如菜叶，最下。墨玉价亦不高。"清代陈性所撰的《玉纪》一书云："玉有九色：元如澄水曰璁，蓝如靛沫曰碧，青如藓苔曰瑾，绿如翠羽曰瓐，黄如蒸栗曰玵，赤如丹砂曰琼，紫如凝血曰璊，黑如墨光曰瑎，白如割肪曰瑳（玉以雪白为上，白如割肪者又分九等），赤白斑花曰瑛。此新玉、古玉自然之本色也。"

民国时期章鸿钊著《石雅》云："古人辨石，所重在色而不在

▼ 玉琥

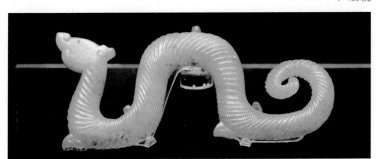

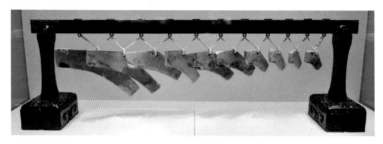

▲ 可演奏乐曲的编磬

质。其色相似者，其名恒相袭。"这是对古人辨玉法则的重要总结。从历代描述玉的古籍当中了解到，以色辨玉成为那时人们认识和区别玉材的一种主要方法，是古代鉴别玉材和划分等级的主要依据。

以上这些说法，都是以色辨玉，以色定名，以色划分等级，这种玉色观念是我国玉文化的基本概念。虽然当今社会已经完全能够用科学的方法，以较高的水平对玉石进行鉴别和划分，但在衡量玉石的使用价值和经济价值时，玉的颜色仍然是一项重要的指标。

中国古乐器是我国传统文化的璀璨明珠，有着源远流长的历史，对玉石音质的识别、鉴赏和运用起到了举足轻重的作用。《尚书·舜典》中记载"击石拊石，百兽率舞"，为什么是敲击玉石、石块来指挥跳舞呢？由此推想，过去人们在集会活动中需要载歌载舞时，有石器、陶器、蚌器或坚硬的树木等材料制作的物品，就其手中所能触及之物，在各种材料撞击的音响当中，音色最好、音量最大、振动最久、传音最远的是玉石。玉石的硬度高、结构致密，敲击效果无疑会优于其他材料。而且，这一时期的人们已有这样的技术条件，把一块玉石开片、磨平、钻孔、悬挂，进行有规则的敲击。玉石所发出的悠扬悦耳的声音，对后世音乐器材的发展起到了先导作用。

磬就是在石犁片悬挂敲击的基础上发展起来的。《山海经》中也有许多关于"磬石"的记载，如"孚之玉""青碧""珠玉"这类词语。石质的音色不如玉石的音色好，磬石也不等同于普通的玉石。

1970年4月24日，我国第一颗人造卫星在太空中播放的乐曲《东方红》，是由湖北荆州出土的战国石编磬演奏录制。1978年湖北随县出土楚惠王时代（距今约2400年）124件古代乐器，其中就有一套32件石编磬。

由此可见，古人区分玉和石，划分玉石等级，主要依据就是观其色、听其音两个方面。

▼ 编磬

第二章　古人为什么喜欢、迷信、崇拜玉石

第一节　出土玉器具

《越绝书》中记载，中国先民所用生产工具的质料经历了四个不同的发展阶段：神龙时候"以石为兵"，黄帝之时"以玉为兵"，夏代开始"以铜为兵"，战国以后"以铁为兵"。这里的"兵"是工具和武器的统称。我国从原始社会后期开始，玉石制

▼ 玉刀

▲ 玉钺

品已经相当发达，在青铜工具出现之前，局部地区的玉器还取代了石器的地位，玉石一度成为制作生产工具和兵器的主要原料。

良渚文化中的玉钺，不同于一般的武器，除雕琢规整的玉钺本身外，柄部的上端和下端还镶嵌着带装饰性的玉具，上端玉具可称为瑞或钺冠饰，下端玉具可称为鐏或钺端饰。柄部上下端都安有玉饰的钺可称为"玉具钺"，它和战国以后流行的具有四种玉饰的"玉具剑"有类似之处。余杭反山墓出土的玉具钺，由青玉琢成，玉质优良，抛光精致，刃部上角有一浅浮雕加阴线琢成的神人兽面纹，下角有一浅浮雕的"神鸟"，象征神人翱翔于天空之中，两面纹饰相同。

除余杭反山墓出土了玉具钺外，余杭瑶山、青浦福泉山、武进寺墩、苏州吴中张陵山等墓地也有出土。玉具钺，应是一种象征权力、地位的"权杖"。玉钺上雕琢神人兽面纹，显示了军权和神权的结合。出土玉具钺的墓葬，同时也出土了玉琮等玉礼器。手持玉具钺的墓主人，生前可能是身兼酋长和巫师双重身份的特权人物。

玉刀或称刀形边刃玉器，多作长条形或扁宽梯形，刃长于背，背部平直、稍厚，有不同数量的穿孔。二里头遗址出土的一件玉刀，长65厘米，墨绿色，局部受沁呈黄色，总体作扁宽梯形，刃长于背，刃部由两面磨成，背部有7个圆孔，两侧有6个对称的齿牙，近两端处琢饰阴刻直线纹和菱形纹。这种大型的多孔石刀，似不宜实用，应该为礼仪用玉。神木石峁所出的多孔玉刀，有大小之分。小型的玉刀，刃部多有损伤，可能是用于收割的实用农具；而大型厚重的玉刀，应是由收割农具演变而来的瑞玉，属于礼仪用玉，可能是举行庆祝丰收或祈求丰年祭典时使用的礼玉。

戈是商周流行的一种兵器，玉戈始见于二里头文化，流行于商、周两代。由于玉石本身质地坚脆，无法将玉戈用于实战搏击，且大量出土的玉戈无使用痕迹，可知商周时期的玉戈应是一种仪仗器。玉戈形制的演变可以分为两个阶段。第一阶段包括二里头文化期和早商二里岗期。此期玉戈的特点为尺寸普遍较大，一般在30厘米左右。二里头遗址和神木石峁所出的玉戈，器形大

▼ 玉戈

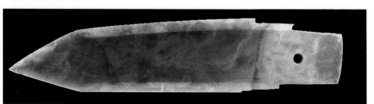

同小异，都作长条形，两侧有刃，前端有尖锋。最长玉戈出土于湖北黄陂的盘龙城商代遗址，长达97厘米。

第二节　神话传说

我国古书上有许多关于"人面蛇身""龙身人面"之类的故事，这些都是远古氏族的图腾。《山海经》是记录上古社会情况的重要文献，里面尚有很多东西令人难以理解，其中人兽合一的神怪形象往往被认为是一种远古的图腾形象。当一群人共同用玉璧作为集体的装饰标志，并作为祭祀崇拜之物，这就是玉石图腾。此外，《东山经》还有"其神状皆兽身人面载觡"的记载。即是说，曾有氏族以麋鹿角作为图腾标志。

在我国古代的一部著名文献《拾遗记·少昊》中有一段用玉石雕刻鸟类形象作为图腾的记录：古代有一位神女，名字叫皇娥，是新石器时代著名的部落领袖少昊的母亲。当她还是少女的时候，夜间在

▲ 玉鹰

玉宫里纺织锦缎布匹，白天乘坐木筏在茫茫的大海上漫游。有一天她到了西海之滨的穷桑之地，那里生长一种叫孤桑的大树，高达千寻，此树果实吃了可以长生不老。她在那里遇到了神童"白帝之子"，即"太白之精"。她与这位神童同乘木筏，嬉戏于海上。他们用桂树的枝条作为旗杆，将薰茅草结于旗杆上作为旗帜，并且用玉石雕刻成鸠鸟的形态，装饰在旗杆的顶端。因为古人认为鸠鸟懂得一年四季的更迭和阴阳寒暑的变化，所以人们非常崇拜它。后来皇娥生下少昊，称号就叫"穷桑氏"，也叫"桑丘氏"。在少昊称帝主持西方之时，因当时有五只神异的凤鸟在帝廷的上方环绕飞翔，所以少昊也称为"凤鸟氏"。六国时著阴阳书的桑丘子，即是其后裔。

据我国古代传说记载，上古时代东方有许多部落，都采用动物作为氏族的名称。属于少昊金天氏的各族有元鸟氏、青鸟氏、丹鸟氏、祝鸠氏、鸣鸠氏、鹘鸠氏等。这些留传下来的名称，都暗合着以鸟鸠为图腾的各氏族相互融合、发展的过程，暗合着从鸟鸠图腾到凤图腾的演变过程。龙凤后来成为中华大家庭的共同标志。

古人善于观察和想象，他们把鸟类的寒来暑往归结为有灵性，能"知四时之候"，能附会春夏秋冬。无怪乎后来鸟的形象又演变为代表太阳的金鸟，这和我们民族的信仰与传统观念是密切相关的。氏族的人们对鸟是相当崇拜的，用鸟做图腾具有较强的号召力。用鸟做实际标志会有一定的难度，活鸟是要飞的，死鸟又不吉利。最好的办法，是采用人们心目中最尊贵的材料，加

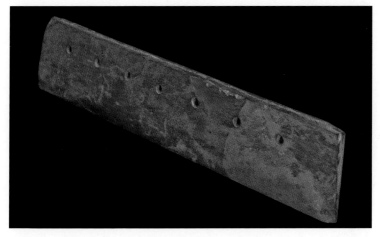

▲ 玉刀

工制成鸟的形象，以作为崇拜的标志。这样，选择用玉石琢磨鹰鸟是最自然不过的事了。

在神话传说中，炎帝神龙氏是我国农业耕作的始祖，相传他曾"斫木为耜、揉木为耒"，对上古时期农业的发展作出过重大的贡献。传说中的炎帝时代曾发生过奇异的自然现象："有石磷之玉，号曰夜明，以暗投水，浮而不灭。"其实，具有强磷光的矿物，如萤石，在失去原来的光源以后，仍然会在一段时间内继续发出光亮。这在今日已不足为奇，但古人却认为这是炎帝神农的圣德显现，是因为天地为贤人圣德所感动，所以玉石才显了灵。

古代文献《拾遗记·轩辕黄帝》记载，轩辕黄帝举行重大国事必先"诏使百辟群臣受德教者，先列珪玉于兰蒲席上，燃沉榆之香，舂杂宝为屑，以沉榆之胶和之为泥，以涂地，分别尊卑华戎之位也"。说明黄帝时代已经建立了圭玉制度。这是关于将玉石用之于政治权力标志的最早记载，反映了国家典章制度的雏形。

颛顼，是一位传说中的部落首领，古时候人们崇拜的大神。据《拾遗记》记载，颛顼号高阳氏，是黄帝的孙子，昌意的儿子。颛顼出生之前就有一位老人对昌意说："你若生子，必合五行中之水德，并且一定会成为王者"，而且"亦有玉图之象"。过了十年，预言果然变成了现实。昌意生了儿子取名颛顼，并且颛顼出生时手上还有玉龙的纹样。这是一则预兆帝王诞生的故事。故事中刻意用玉龙来表现其形象，显然是一则典型的神权政治用玉的故事。

唐尧，传说他是古代的"圣德"之主。上天曾经授给他一块雕刻着"天地之形"的玉版和一块记载天地造化之始的金璧。正因为有了这些神物的帮助，唐尧才能够治理盛世，功绩卓著。

夏禹，相传夏禹治水，建立了万古奇功，是因为有一次他无意中碰到了一位人面蛇身的大神。这位大神就是伏羲，伏羲传授给大禹一块玉简。大禹正是用这块玉简丈量大地，才取得了治水的成功。由此可见玉石在古人心目中的地位。

正是这一类神奇的故事，反映了美玉和远古社会生活的广泛联系，反映了它和帝王的密切关系。因为一部神话并非一个人所创作，也并非一朝一夕所能生成。它经历了若干世代的增删传衍，是从古代社会变迁的传说中提炼而成的。古代神话中英雄领袖和玉的密切关联是古代玉崇拜表现形式之一。虔诚的玉崇拜，在我国古代是实实在在发生过的事情。我们可敬的祖先，在创造玉文化的开端时大概不会想到，一块象征着族群的玉刻形象，一块寄托了他们某种希望的玉刻物体，对后世文化将会产生何等深刻的影响。

史前的音乐，特别是声乐，是无形的艺术。音乐是舞蹈的灵魂，音乐和舞蹈往往是共生的，我们从后世的文字资料和出土的乐器文物当中可窥探上古音乐的风采。原始歌舞本身就是巫术礼仪活动之一种，它是带有观念内容和情结意义的。它所反映的是原始人们的思想情感和祈求信仰，有着明确的目的。《周礼·春官宗伯》曰："若国大旱，则师巫而舞雩。"这句话说明这场歌舞是为求雨而举行的。在巫师的带领之下，一群人随着身躯的强劲摆动，发出诵念咒语式的呼喊和各种有节奏的敲打。这是一个非常重要的情节，说明了古代乐器的起源。《尚书·舜典》曰："击石拊石，百兽率舞。"短短的八个字描绘了古人敲击拍打的情景。当敲击玉石发出有节奏的音响的时候，原始的人们模仿各种野兽的动作，开始了狂热的舞蹈，他们的目的或是庆贺丰收而向神明致以虔诚的敬意，或是祈求神灵在下次的狩猎活动中赐以他们更大的收获。在氏族或部落成员的心目中，这是与集体成员的命运直接相关的重大活动。

玉崇拜和图腾崇拜原本是两个不同的概念，它们几乎产生在同一个历史阶段。尽管崇拜的心理有相似之处，但两种崇拜的内涵和对象是不一样的。图腾形象多以动植物形象来表示。它所显示的是当时人类尚不能理解的特异现象。从这个意义上来说，它象征着一定的物质力量。玉崇拜是人类对玉从珍爱出发而产生的期冀与景仰，从这个意义上来说，它象征着某种精神力量。玉石图腾表明了在千万年前，先民们曾以玉刻形象作为号召的旗帜。两种崇拜同时存在，互相依存，以无可抗拒的神异力量存在于历史文化中。

另外，两种崇拜形式的延续时间和文化高度迥异。图腾崇拜仅存在于史前文化阶段，是氏族群落的象征。自人类从村落趋向古代都市，图腾便渐渐失去了它原有的作用。而玉崇拜自人类识别美石以后便逐渐产生。在国家政权建立以后，特别是在整个奴隶社会和封建社会中，玉器的制作和玉的理论更得到了长足的发展，达到了登峰造极的程度，最终形成了辉煌灿烂、千秋传颂的玉文化。从文化角度而言，玉崇拜远远地高于图腾崇拜。

图腾崇拜因其历史条件和作用的局限，必然有族群的区分和

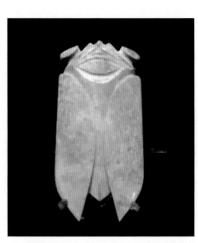

▲ 玉蝉

地域的限制，每个族群所崇拜的具体内涵是不同的。由于氏族的战争和吞并，崇拜物也随之发生变化。随着统一的范围越来越大，图腾标志也越来越少，很多曾经的图腾标志最终因社会归并统一而消失。而人们所共同承认的玉石，虽然有地方和民族的偏爱喜好，却因稀有程

度和使用方式的不同产生了价值的悬殊。但玉就是玉，都因其珍奇而成为人们景仰和崇尚的对象。人们会把颜色亮丽、光泽好的器具放在棺木中，由此便出现了最早的墓殉葬。在生产力低下时期，人们对大自然的理解还不够充分，认为生死两界，活着的人在阳间，死后人在阴间。古人认为玉能和神灵对话，所以部落首领死后，会把生前拥有的玉石和喜爱之物一起埋葬。

第三节　殓葬玉器

距今约4000年的齐家文化，位于黄河上游，是以甘肃省东南部为主要分布地的新石器时代末期文化。它分布在东至泾、渭二河，南至北龙江流域，西起湟水一线，北至内蒙古阿拉善左旗一带的地区。在这里先后发现350多处遗址，清理发掘500多座墓

▼ 钺

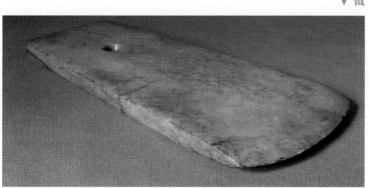

葬，获得了玉斧、玉铲、玉锛、玉璧、玉琮、玉璜、玉珠等一批精致的玉器。我们从这些出土文物中看到，当时玉器的琢磨技术已较高，选料也较精良，反映出这里已经盛行葬玉习俗。

即使没有能力随葬玉器的人家，也会在墓中放几片玉边角、玉石块或小玉石子。他们不随葬日常生活中常用的陶、甬、骨、石等物，却宁愿把没有造型的石块带入墓中，说明玉文化在当时已相当盛行。

汉代人继承并发展了先秦儒家"贵玉"的思想，天子、贵族生前玉不离身，死后也会将大量的玉器随葬。同时儒家提倡孝道，主张"事死如生"，因此厚葬的风气十分盛行。加上汉代人迷信玉能保护尸体长期不朽，甚至认为死者口中含玉能使尸体千年不朽。在古代文献中，玉衣又称"玉匣""玉柙"，是汉代皇帝和贵族死后穿的殓服。《西京杂记》记载，汉代的皇帝死后都穿形如铠甲的金缕玉匣（"金缕玉衣"），汉武帝的金缕玉匣上镂蛟龙鸾凤龟的形象，称为"蛟龙玉匣"。

1968 年在河北满城中山王刘胜和王后窦绾的墓中发现了两套完整的金缕玉衣。刘胜和窦绾的金缕玉衣，外观和人体形状一样。玉衣的各部分都由玉片组成，玉片之间用金丝编缀，所以称为"金缕玉衣"。刘胜的玉衣形体肥大，脸盖上刻出眼、鼻和嘴的形象，上衣的前片制成鼓起的腹部，后片的下部作出人体臀部的形状，裤筒按腿部的样子制成。

铁制的甲胄，是战国时期新出现的防护装备。汉代皇帝和贵族死后以状如铠甲的玉衣作为殓服，大概也是想借玉衣保护尸

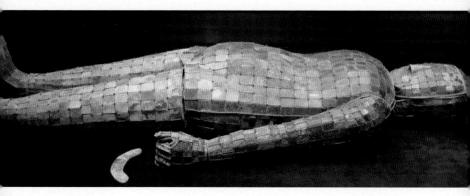

▲ 银缕玉衣

体，企图使尸骨长期不朽。《后汉书·刘盆子传》记载，赤眉军发掘西汉诸陵，"有玉匣殓者率皆如生"。这一记载，也反映出当时人们认为玉衣能保护尸体不朽的迷信思想。

汉高祖时，由于战乱后经济贫乏，皇帝的马车都挑选不到4匹颜色相同的马，将相有的只能乘牛车，惠帝(刘盈)、吕后(吕雉)时，经济尚未完全恢复。经过"文景之治"以后，到武帝时社会经济才有明显的发展，统治阶级的生活也日渐穷奢极欲。

根据《后汉书·礼仪志》记载，皇帝死后使用金缕玉衣，诸侯王、始封列侯、贵人、公主使用银缕玉衣，大贵人、长公主使用铜缕玉衣。考古发掘资料也证明，东汉诸侯王和始封列侯使用银缕玉衣，嗣位的列侯使用铜缕玉衣。

玉衣是汉代皇帝以及诸侯王、列侯、贵人、公主等皇室成员专用的殓服。非皇族的外戚、宠臣，即使已被封为列侯，也只有在朝廷特赐的情况下才能使用玉衣，这在当时属于特殊的礼遇。

其他"郡县豪家"如违法使用玉衣，就是大逆不道，是要受到严厉惩罚的。东汉桓帝时，宦官赵忠的父亲归葬安平郡，私自使用玉衣入葬，结果被地方官剖棺陈尸，并逮捕其家属。

《周礼》中将含玉作为丧葬制度规定下来。死者口中放置的小件玉器，称为玉晗。蝉的造型在中国玉器中出现很早，商周墓葬中就有死者口含玉蝉的。汉代人看到蝉循环的生活史，其幼虫在地下生活许多年后才钻出地面，蜕变为成虫，将玉晗雕琢成蝉形，寓示着死者灵魂的蜕变和复活。

▼ 玉蝉

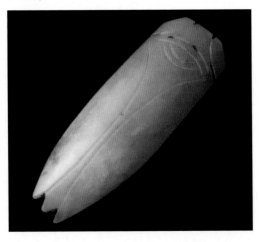

第三章　祭祀礼器

　　古人在用玉方面达到了出神入化的境界，一块小小的玉石，经过琢磨加工成型，并赋予深层的含义，将社会政治和意识形态方面的诸多内容，融合在一件具体的工艺实体之中，形成了深层

▼ 封禅

次的玉文化。《周礼》记载："以玉作六器，以礼天地四方：以苍璧礼天，以黄琮礼地，以青圭礼东方，以赤璋礼南方，以白琥礼西方，以玄璜礼北方。"

六器是专门用来祭祀天地和东、南、西、北四方之神的。《周礼》对六器造型的确定、玉材的选用及祭祀对象的安排有非常严格的规定。用青蓝色的玉石琢成玉璧，于每年冬至日祭天；用黄色的玉石琢成玉琮，于每年夏至日祭地；用青色玉石琢成玉圭，于每年立春日祭祀东方苍精之帝太昊句芒；用红色玉石琢成玉璋，于每年立夏日祭祀南方赤精之帝炎帝祝融；用白色玉石琢成玉琥，于每年立秋日祭祀西方白精之帝少昊；用黑色玉石琢成玉璜，于每年立冬日祭祀北方黑精之帝颛顼。祭祀之物以玉器为主，另配以猪、牛、羊等牲畜及货币、布帛等。

第一节　玉璧

璧为六器之首，是一种中心有孔的片状圆形玉器。璧有三种重要的含义：一是昊天上帝的象征，古人相信天圆地方一说，以圆形的玉璧写意上天。二是君主和政权的象征。玉璧象征君主和政权，是从两方面引申而来：一是上天之子，政权是天意的代表，当能以天的形象来类比。另一方面，"辟"有君主和法度的含义。人们经常使用的复辟一词就是恢复原来政权的意思。以

"辟"和"玉"合写为"璧"，代表天命、天子、天授王权，是
最恰当不过的了。所以在周代的礼制当中，一切和上天、君主有
关的礼节、仪式皆用璧来表示。三是吉兆和吉祥的象征。

　　璧的基本造型来源于古代圆形的石斧，来自早期的人类砍杀
的武器和斧劈的工具，体现了早期人类朴素的社会意识。礼器中
的玉璧形制虽很简单，却有着严格的规定。《尔雅·释器》对其
形制标准有明确的解释："肉倍好谓之璧。""肉"指璧的圆形
实体，"好"是指玉璧中间的圆孔，"肉倍好"的意思是规定玉
边的宽度必须是中间圆孔直径的两倍。符合这样的标准或接近这

▼ 璧

个标准的玉器才能称之为璧。如果玉边的宽度和圆孔的直径不是
这个比例，那就不是璧。和璧形态相仿的有另外三种：瑗、环、
玦。瑗的形制要求中间圆孔的直径必须是玉边宽度的双倍；环的
形制要求玉边的宽度和中间圆孔的直径相等；瑗是古代侍臣为
引导天子行进升座的用具。环和玦都是信物，是用于传递或表达
信息的玉器。环表示首肯，玦表示拒绝。古之君子佩戴玉玦作装
饰，表示决心和意志，是能决断事物之人。

第二节　玉琮

琮是外方、内圆、中间空的立体状玉器，它在六器中通常排
列第二位。琮具有三个方面的象征性含义：一是琮和璧相对，琮
代表地而璧代表天，琮适用于阴而璧适用于阳，故琮象征地神。
古人相信天圆地方之说，以琮之外方代表大地，以璧圆类天同出
一理。二是琮是"王"和"宗"合写，象征着祖宗和宗庙，比喻
万物之宗。三是琮是王后和诸侯夫人的瑞玉，是母性的权柄，琮
的内圆即象征女性。用玉做成琮，代表哺育人类的大地和母系先
祖，符合当时的意识基础和用玉逻辑。

▲ 琮

第三节　玉圭

　　圭是三代朝廷的重要礼器。六器中的圭是古代帝王、诸侯及高级官员们在官场上举行各种典礼仪式时拿在手上的一种玉器。圭是祭拜东方之神的祭品。玉圭的应用范围要比其他玉器广泛得多，出土的数量也比较大。《周礼·考工记·玉人》列出的名目就有镇圭、桓圭、信圭、躬圭、大圭、裸圭、琬圭、圭璧等。

　　圭的初型也是源于原始时代的石斧。石斧是古人最重要的生产工具和狩猎武器，对早期人类的生存和发展有非常大的促进作

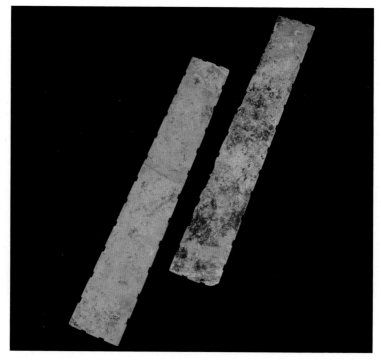

▲ 圭

用。石器时代结束，金属工具得以广泛和大量地使用。在神权政治的作用下，石斧的形态渐渐转变为圭。一般来说，凡上半部较厚、底部较薄的为斧。上下厚薄基本均匀，犹如一个玉制的长板条者，就是圭。总而言之，圭是在一定的观念形态作用下所产生的特种玉器。

第四节　赤璋

六器中的璋指赤璋，是用来祭祀南方之神的礼器。关于璋的形制，古人有"半圭曰璋"之说。以圭的造型为基础，将圭的上端切去一角，将圭的平头改成尖头之状，这就是璋。《周礼》对璋的造型和功用有明确的说法：璋如尖头之圭，是君王在巡视天下时，途中祭祀大小山川之器。通常的做法是将璋埋于地下或沉于水中作为祭品，同时也有牛羊牲畜作为祭品，并用圭璋做勺子的手柄舀酒行灌礼。

▼ 璋

▲ 琥

第五节　白琥

　　根据《周礼》的规定，琥是专门用来祭祀西方之神的礼器。它刻玉为虎形，但必须用白色玉材雕琢而成。在六器中唯有琥是仿生玉器。白琥是专门用来礼神的玉器，其他任何古代虎形玉器都不能替代琥的功能。儒家以虎之威猛来象征深秋之肃杀，向西方之神致敬，以表虔诚。

第六节　玄璜

六器之璜规定为玄璜，是专用于礼敬北方之神的礼器，此璜必须以黑色之玉制成。其他颜色的玉琢成璜则不具有此种功用。璜的形制相当于环的一部分。其来源有四种说法：其一是半璧说，源之于《周礼》郑玄注："半璧曰璜，象冬闭藏，地上无物，唯天半见。"在天、地的尽头，半圆形的天穹与地面相接，仿佛为玉璜的形意。这一说法的来源是古人从地平线的现象得到启发，从而产生了玉璜的造型创意。其二是半宫说，是从黉的意思引申而来。古代在修筑城池的时候，都要沿着城墙的外围挖一条护城河，河面构成一圈璧的形状，这是天子城池的标准。诸侯的城池不得超过天子的规模。护城河不能全部连通构成整圆。只容许以东、西两门为界限，从南半部通水。这样水面形成了一个半弧，称之为半宫。其三是彩虹说，认为璜的造型是古人模仿彩

▼ 璜

▲ 玉璜

虹的形象而创造出来的。古人不了解彩虹形成的原理，把它当成一个美丽的天上神物，从天空垂之于河川，俯首饮水，于是受到启发而创造了璜。其四是神龟说，认为古人仿造龟甲的侧面形象而创制璜。玄璜是礼北方之玉，而古代传说中北方之神是玄武，玄武者，龟也。在上古时代，龟被认为是麟、凤、龟、龙"四灵"之一，龟是能未卜先知的神灵。在夏、商、周三代及此之前，龟是国之重宝，是不能亵渎的。国家的重大事件都要用龟甲占卜。整圆为璧，璧象征着天，半圆为璜，璜只能象征半边天。玉璜无论是在等级、威严、权力等方面，都只能为天之半。

在古代玉器当中，六器是一批非常特殊的玉器。无论从工艺造型的角度来看，还是从它深刻的含义和特殊的用途来看，六器对后世文化都产生着不可估量的影响。

第二部分

珠玉养德

——玉石的发展

第四章 玉石的定义

什么是玉石

查阅中国古籍资料，玉的定义有狭义、广义之分。狭义的玉，只包括软玉和硬玉，古籍有"真玉"一说。软玉也称闪玉，是指具有交织纤维结构的透闪石、阳起石等系列矿物，摩氏硬度为6~6.5，比重为2.55~2.65。"软玉"是专有名词，不是指硬度低的玉，它是中国历史上最重要的玉料，典型的有新疆和田一带所产的和田玉。

硬玉是辉石类的一种，我们俗称翡翠，摩氏硬度为6.5~7，比重为3.3~3.4。我国开始大量使用翡翠约是从清代中期开始的，所以历史记载的真玉主要是软玉。

广义的玉，除了这两种玉石外，还包括各种颜色鲜艳的石头，水晶、玛瑙、岫玉、蓝田玉、绿松石、蛇纹石、独山玉、鸡血石、寿山石、汉白玉（大理石）等等，在古籍中都会被记载成玉。

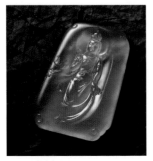

▲ 翡翠观音牌

▲ 和田玉山子

▲ 紫水晶

▲ 白水晶

▲ 玛瑙

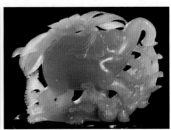

▲ 岫玉

▲ 蓝田玉

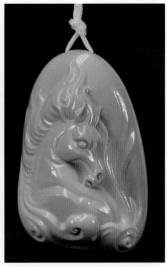

▲ 绿松石

▲ 蛇纹石

▲ 鸡血石

▲ 独山玉

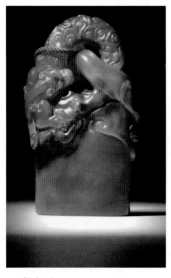

▲ 寿山石

▲ 汉白玉（大理石）

据我国的考古记载，发现最早的玉石（软玉）出土于辽河流域，内蒙古敖汉旗兴隆洼文化的墓葬中（距今约8000年），从墓主人的耳部两边各发现一件玉玦。玉玦制作精美，应该是主人生前佩戴的玉饰。

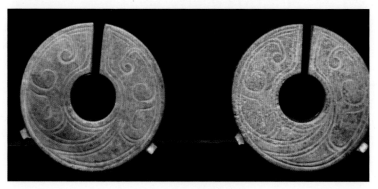

▲ 出土玉玦

第五章　玉德的释义

　　玉德，即寓德于玉，以玉比德，将玉和德结为一体，又将玉与君子结缘，物质、社会、精神三合一的独特玉意识是中国玉文化的精神内涵。春秋战国时期，在文化思想方面形成"百家争鸣"的局面，当时主张"德治"和"仁政"的儒家学派，认为玉有许多美德，因而主张"君子无故玉不去身，君子于玉比德焉"，提倡"君子必佩玉"。所谓"君子"，即士以上的各级贵族。当时从天子到士的大小贵族，除办丧事外，都要佩戴玉饰。佩玉既是为了装饰和表示自己身份的高贵，也是具有高尚品德和良好道德修养的象征。

第一节　管子·玉之九德

　　管子说玉有九德：仁、智、义、品节、纯洁、勇、诚实、宽容、有条理。《管子·水地》："夫玉之所贵者，九德出焉。夫玉，温润以泽，仁也；邻以理者，知也；坚而不蹙，义也；廉而不刿，行也；鲜而不垢，洁也；折而不挠，勇也；瑕适皆见，精也；茂华光泽，并通而不相陵，容也；叩之，其音清抟彻远，纯而不杀，辞也，是以人主贵之，藏以为宝，剖以为符瑞，九德出焉。"

　　玉之所以贵重，是因为它表现有九种品德。温润而有光泽，是它的仁；清澈而有纹理，是它的智；坚硬而不屈缩，是它的义；清正而不伤人，是它的品节；鲜明而不垢污，是它的纯洁；可折而不可屈，是它的勇；缺点与优点都可以表现在外面，是它

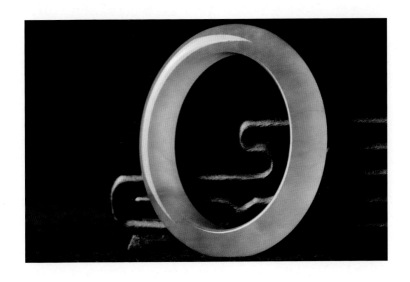

的诚实；华美与光泽相互渗透而不互相侵犯，是它的宽容；敲击起来，其声音清扬远闻，纯而不乱，是它的有条理。所以君主总是把玉看得很贵重，收藏它作为宝贝，制造它成为符瑞，玉的九种品德全都表现出来了。

第二节　荀子·玉之七德

荀子说玉有七德：仁、智慧、义、品行、勇敢、诚实、言辞谨慎。《荀子·法行》："夫玉者，君子比德焉：温润而泽，仁也；栗而理，知也；坚刚而不屈，义也；廉而不刿，行也；折而不挠，勇也；瑕适并见，情也；扣之，其声清扬而远闻，其止辍然，辞也。故虽有珉之雕雕，不若玉之章章。《诗》曰：'言念君子，温其如玉。'此之谓也。"

玉温润而有光泽，好比君子的仁；它坚硬而有纹理，好比君子的智慧；它刚强而不屈，好比君子的义；它有棱角而不伤人，好比君子的品行；它即使被

折断也不弯曲，好比君子的勇；它的美丽与瑕疵表露在外面，好比君子的诚实；敲击它，声音清远悠扬，戛然而止，好比君子的言辞。所以，即使珉石带着彩色花纹，也比不上宝玉那样洁白明亮。《诗》云："我真想念君子，温和得就像宝玉。"说的就是这个道理。

第三节　孔子·玉之十一德

孔子说玉有十一德：仁、智、义、礼、乐、忠、信、天、地、德、道。在《礼记·聘义》中有这样一段记载："子贡问于孔子曰：'敢问君子，贵玉而贱珉者何也？为玉之寡，而珉之多与？'孔子曰：'非为珉之多，故贱之也；玉之寡，故贵之也。夫昔者君子比德于玉焉：温润而泽，仁也；缜密以栗，知也；廉而不刿，义也；垂之如队，礼也；叩之其声清越以长，其终诎然，乐也；瑕不掩瑜，瑜不掩瑕，忠也；孚尹旁达，信也；气如白虹，天也；精神见于山川，地也；圭璋特达，德也；天下莫不贵者，道也。《诗》云：言念君子，

温其如玉。故君子贵之也。'"

子贡向孔子问道："请问君子为什么都看重玉而轻视珉呢？是因为玉的数量少而珉的数量多吗？"孔子回答说："不是因为珉多才被轻视，玉少才被重视。是由于古来的君子都把玉比拟为道德，象征着德行的缘故。玉质温柔滋润而有恩德，象征仁；坚固致密而有威严，象征智；锋利、有气节而不伤人，象征义；雕琢成器的玉佩整齐地佩挂在身上，象征礼；叩击玉的声音清扬且服于礼，象征乐；玉上的斑点掩盖不了其美质，同样，美玉也不会去遮藏斑点，象征忠；光彩四射而不隐蔽，象征信；气势如彩虹贯天，象征天；精神犹如高山大河，象征地；执圭璋行礼仪，象征德；天地下没有不贵重玉的，因为它象征着道德。《诗经》上就说：经常谈论君子，温和的像玉一样。所以，君子贵重玉。"

第四节　刘向·玉之六德

刘向说玉有六德：德、智、义、勇、仁、诚。《说苑·杂言》讲："玉有六美，君子贵之：望之温润，近之栗理，声近徐而闻远，折而不挠，阙而不荏，廉而不刿，有瑕必示之于外，是以贵之。望之温润者，君子比德焉；近之栗理者，君子比智焉；声近徐而闻远者，君子比义焉；折而不挠，阙而不荏者，君子比勇焉；廉而不刿者，君子比仁焉；有瑕必见于外者，君子比情焉。"

玉有六种美德，君子看重它：远看它温和滋润，近看它纹理严密，敲出的响声近处舒缓，远处也能听到，折断它也不会弯曲，毁伤它也不会柔软，棱角分明但不伤人，有瑕疵一定表现在外表，因此君子看重它。远看它温和滋润，君子比作品德；近看纹理严密，君子比作智慧；声音近处舒缓，远处能听到，君子比作道义；宁折不弯，毁伤也不柔软，君子比作勇敢；棱角分明但不伤人，君子比作仁爱；有瑕疵显露在外表，君子比作诚实。

第五节　许慎·玉之五德

许慎说玉有五德：仁、义、智、勇、廉洁。许慎所著《说文解字》，是中国第一部系统地分析汉字字形和考究字源的字书，也是世界上最早的字典之一。《说文解字·玉部》："玉，石之美者。有五德：润泽以温，仁之方也；䚡理自外，可以知中，义之方也；其声舒扬，专以远闻，智之方也；不挠而折，勇之方也；锐廉而不忮，絜之方也。象三玉之连。丨，其贯也。凡玉之属皆从玉。"

玉，最美的石头。玉有五品：润泽而温和，是仁人的比方；从外部观察纹理，可知内部真性，这是义士的比方；玉声舒展飞扬，传播而远闻，是智士的比方；宁折不弯，是勇士的比方；锐廉而不奇巧，是廉洁之士的比方。字形像三块玉片的串联。丨，像玉串的贯绳。所有与玉相关的字，都采用"玉"作偏旁。

中国玉文化延续时间之长、内容之丰富、范围之广泛、影响之深远，是许多其他文化难以比拟的。玉文化包含着伟大的民族精神，有"宁为玉碎"的爱国民族气节、"化为干戈玉帛"的团结友爱风尚、"润泽以温"的无私奉献品德、"瑜不掩瑕"的清正廉洁气魄、"锐廉不挠"的开拓进取精神。

千百年来，基于玉石之美，人们将其神圣化、人性化、品德化，最终成为完美人格的象征、高贵身份的标志、政治往来的礼物、怡情养性的玩物、凝聚财富的工具。玉，从远古走入现代，神秘而奢华，集物质财富和精神财富于一身，使深厚的玉文化历久弥新，在中国文化长河中始终占据着重要地位。

第六节 赞美玉石的诗句

劝学

秦·荀子

玉在山而草木润，渊生珠而崖不枯。

乐府

魏·曹植

所贵千金剑，通犀间碧珉。

翡翠饰鸡必，标首明月珠。

题卢秘书夏日新栽竹二十韵

唐·白居易

拂肩摇翡翠，熨手弄琅玕。

韵透窗风起，阴铺砌月残。

答尉迟少监水阁重宴

唐·白居易

水轩平写琉璃镜，草岸斜铺翡翠茵。

闻道经营费心力，忍教成后属他人。

长恨歌

唐·白居易

鸳鸯瓦冷霜华重，翡翠衾寒谁与共。

悠悠生死别经年，魂魄不曾来入梦。

无题·来是空言去绝踪

唐·李商隐

蜡照半笼金翡翠，麝薰微度绣芙蓉。

刘郎已恨蓬山远，更隔蓬山一万重！

奉和圣制夏日游石淙山

唐·武三思

掩映叶光含翡翠，参差石影带芙蓉。

白日将移冲叠巘，玄云欲度碍高峰。

和李都官郎中经宫人斜

唐·羊士谔

翡翠无穷掩夜泉，犹疑一半作神仙。

秋来还照长门月，珠露寒花是野田。

题华十二判官汝州宅内亭

唐·欧阳詹

新柳绕门青翡翠，修篁浮径碧琅玕。

江都

唐·罗隐

九里楼台牵翡翠，两行鸳鹭踏真珠。

帘二首

唐·罗隐

叠影重纹映画堂，玉钩银烛共荧煌。

会应得见神仙在，休下真珠十二行。

翡翠佳名世共稀，玉堂高下巧相宜。

殷勤为嘱纤纤手，卷上银钩莫放垂。

习池晨起

唐·皮日休

清曙萧森载酒来，凉风相引绕亭台。

数声翡翠背人去，一番芙蓉含日开。

荄叶深深埋钓艇，鱼儿漾漾逐流杯。

竹屏风下登山屐，十宿高阳忘却回。

虎丘寺西小溪闲泛三绝

唐·皮日休

高下不惊红翡翠，浅深还碍白蔷薇。

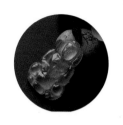

长安即事

唐·林宽

暝鼓才终复晓鸡，九门何计出沉迷，
樵童乱打金吾鼓，豪马争奔丞相堤。
翡翠鬤欹钗上燕，麒麟衫束海中犀。
须知不是诗人事，空忆泉声菊畔畦。

饮席戏赠同舍

唐·李商隐

洞中屐响省分携，不是花迷客自迷。
珠树重行怜翡翠，玉楼双舞羡鹍鸡。
兰回旧蕊缘屏绿，椒缀新香和壁泥。
唱尽阳关无限叠，半杯松叶冻颇黎。

贻美人

唐·章孝标

宝髻巧梳金翡翠，罗裙宜著绣鸳鸯。

咏镜

唐·姚合

铸为明镜绝尘埃，翡翠窗前挂玉台。
绣带共寻龙口出，菱花争向匣中开。

孤光常见鸾踪在，分处还因鹊影回。

好是照身宜谢女，嫦娥飞向玉宫来。

宫词

唐·殷尧藩

悄悄深宫不见人，倚阑惟见石麒麟。

芙蓉帐冷愁长夜，翡翠帘垂隔小春。

天远难通青鸟信，风寒欲动锦花茵。

夜深怕有羊车过，自起笼灯看雪纹。

八咏应制二首（其一）

唐·上官仪

翡翠藻轻花，流苏媚浮影。

瑶笙燕始归，金堂露初晞。

过汉故城

唐·王绩

翡翠明珠帐，鸳鸯白玉堂。

清晨宝鼎食，闲夜郁金香。

昔昔盐二十首·水溢芙蓉沼

唐·赵嘏

渌沼春光后，青青草色浓。

绮罗惊翡翠，暗粉妒芙蓉。

云遍窗前见，荷翻镜里逢。

将心托流水，终日渺无从。

游化感寺

唐·王维

翡翠香烟合，琉璃宝地平。

龙宫连栋宇，虎穴傍檐楹。

芙蓉楼送辛渐

唐·王昌龄

寒雨连江夜入吴，平明送客楚山孤。

洛阳亲友如相问，一片冰心在玉壶。

奉和库部卢四兄曹长元日朝回

唐·韩愈

天仗宵严建羽旄，春云送色晓鸡号。

金炉香动螭头暗，玉佩声来雉尾高。

简寄潘恭叔

宋·赵蕃

缅思冰雪容，重想金玉玉器。

可但发其蒙，端能病斯愈。

西江月

宋·蔡伸

翡翠蒙金衫子，缕尘如意冠儿。持杯轻按逼云词。别是出尘风味。

莫羡双星旧约，愿谐明月佳期。凭肩密语两心知。一棹五湖烟水。

南歌子

宋·苏轼

琥珀装腰佩，龙香入领巾。只应飞燕是前身。共看剥葱纤手、舞凝神。

柳絮风前转，梅花雪里春。鸳鸯翡翠两争新。但得周郎一顾、胜珠珍。

减字木兰花·咏木犀

宋·李处全

谁将翡翠。闲屑黄金撼巧思。缀就花钿。飞上秋云入鬓蝉。

一枝斜倚。披拂香风多少意。午镜重匀。娇额妆成宫样新。

南柯子

宋·韩元吉

五月炎州路，千重扑地开。只疑标韵是江梅。不道薰风庭院、雪成堆。

宝髻琼瑶缀，仙衣翡翠裁。一枝长伴荔枝来。付与玉人和笑、插鸾钗。

题郑宁夫玉轩诗卷

宋·戴复古

良玉假雕琢，好诗费吟哦。

诗句果如玉，沈谢不足多。

玉声贵清越，玉色爱纯粹。

作诗亦如之，要在工夫至。

辨玉先辨石，论诗先论格。

诗家体固多，文章有正脉。

细观玉轩吟，一生良苦心。

雕琢复雕琢，片玉万黄金。

浣溪沙·酴醿和狄相叔韵赠陈宋邻

宋·向子䛦

翡翠衣裳白玉人。不将朱粉污天真。清风为伴月为邻。

枕上解随良夜梦，壶中别是一家春。同心

小绾更尖新。

菩萨蛮

宋·向子谭

鸳鸯翡翠同心侣。惊风不得双飞去。春水绿西池。重期相见时。

长怜心共语。梦里池边路。相见不如新。花应解笑人。

西江月·丹桂

宋·曹勋

霞绮浓披翡翠，晨光巧上珊瑚。丹林偏许下清都。香占深岩烟雨。

秋到九华宫殿，赭袍红借繁珠。广寒桂与世花殊。不带人间风露。

西江月

宋·佚名

翡翠枝头晚萼，婵娟月里飘香。春兰秋蕙作寻常，不与天桃朋党。

笑见深红浅白，从教蝶舞蜂忙。风流标致道家妆，潇洒得来别样。

庆清朝

宋·佚名

北陆严凝，东郊料峭，化工争付归期。前村夜来雪里，先见纤枝。想像靓妆淡伫，钗头翡翠茧蛾儿。冰壶莹，坐间静对，姑射仙姿。

潇洒处，非艳冶最奇。是名赋、处士新诗。尊前坐曲，忍听羌管频吹。试问占先众卉，微笑不奈苦寒欺。何须问，定应未美，桃李芳菲。

醉蓬莱·寿郁梅野

宋·伍梅城

翡翠屏间，琉璃帘下，彩衣明媚。

九老风流，五侯家数，如此乾坤，有人如此。天正烦君，作江南一瑞。

满江红·牡丹和梁质夫

宋·赵以夫

满地胭脂春欲老，平池翡翠水新肥。只花王、富贵占韶光，真绝奇。

鹧鸪天·再赋

宋·辛弃疾

浓紫深红一画图，中间更著玉盘盂。先裁翡翠装成盖，更点胭脂染透酥。

香潋滟，锦模糊，主人长得醉工夫。莫携弄玉栏边去，羞得花枝一朵无。

鹧鸪天·次韵宝溪探梅未放

宋·杨冠卿

经年不见宫妆面，秾碧谁斟翡翠卮。

鹧鸪天·上元设醮

宋·张孝祥

何人曾侍传柑宴，翡翠帘开识圣颜。

增广贤文

明

珠沉渊而川媚，玉韫石而山辉。

第六章　玉石的管理

　　《周礼》《仪礼》《礼记》简称"三礼"，其中关于玉石的论述，构成了我国时间最早、内容最全的古代玉论，是儒学中关

于玉石的最重要、最系统的理论成果，也是我们民族文化中的重要篇章。

　　根据"三礼玉论"的叙述，在西周的组织建制中，设置了二十个专职和兼职的管玉机构，其中最主要的有玉府、典瑞、弁师、追师、妝人、职金这六大机构。

第一节 玉府

玉府，是我国历史上第一个有文字记载的国家专职管玉机构。在古代的政治体制中，管玉是一件非常重要的事情。《周礼》对玉府的官阶等级、隶属关系、职能编制和工作任务作了明确规定，共计七十八人，分别负责档案文献、技术管理、加工采集、保管供给等。

玉府的工作主要是"掌""供"两个方面：一是对国家玉器进行管理；二是为宫廷加工玉器。在征集制备方面，《周礼》明确规定玉府的职能是：掌管国家大典及宫廷重大礼仪所需的仪仗之物及专用物品。各地凡是发现玉器及其他稀有贵重资财，必须上缴玉府。在政令供给方面，严格按照礼制所规定的要求，为天子提供政治礼仪专用之物，诸如国君头上所戴的冠冕，服装袍带上所悬挂的玉制饰物；帝王和诸侯邦国从事盟会交往活动时须提供珠盘玉敦等礼仪器具；帝王斋戒时要供给所吃的食玉；在君王升天的时候要提供一切丧葬用玉器和相关工具等。

从政治地位方面看，玉府是国家政治权力的机构之一。从组织配备方面来看，它的组成官员均具有较高的政治级别，具有一定的政治权力。从管理范围和职能职责方面来看，一是玉府所掌管的玉器直接为国家统治者服务；二是玉府所掌管的玉器直接为国家的重大政治活动服务；三是玉府所掌管的器物皆为国家贵重资财。

第二节　典瑞

典瑞是《周礼》特设的专职管玉机构，在隶属关系上属于六卿的春官宗伯。《周礼》规定，它的职能主要有三个方面：一是"辨其名物"，即掌握政策。典瑞必须根据天子关于政治用玉的法度规定，对玉器的形制、尺寸进行鉴别和划分，并根据官员的等级和礼仪场所的规格，掌握好标准和尺度。二是"与其用事"，典瑞必须按照不同的政治活动和礼仪场所，如祭祀、大婚、盟会、朝聘、丧葬等，提供各种不同款式和等级的玉器。三是"设其服饰"，典瑞必须根据官员的爵位和等级，按照国家规定的政策提供相应的佩玉和装饰。

典瑞规定由中士执掌，总编制十七人。典瑞的主要任务只是负责六器与六瑞的保管，并按照天子的命令对各级官员提供使用之物。典瑞和玉府的主要区别在于它们分管的玉器的具体品种和适用范围分属于两个不同的等级且性质不同。有关政策法度方面的玉器由典瑞掌管，属国宝之类的贵重玉器由玉府掌管；典瑞所负责的是各级官员所用的瑞信玉器和礼玉，玉府所负责的只是天子一人所用的玉器。

第三节　弁师

弁师隶属于夏官司马，编制为十二人。弁师所执掌的是天子及诸侯大夫们所佩戴的冠冕首服。弁师不但要负责供给，更重要的是要执掌有关政策规矩和禁令。不管是在等级森严的奴隶社会还是在后来的封建社会里，有关这一方面的规矩和禁令都是十分严格的。稍有错误，便构成"潜逾"之罪，要被杀头和灭族。

第四节　追师

追师隶属于天官冢宰，编制为十一人。它的性质和政治级别与弁师相同。不同的是，追师执掌王后及嫔妃首服。"追"在古代有雕琢玉石之意。追师除为王后提供专门服务外，还担负着为宫廷嫔妃及内外贵妇的首饰进行修治的任务，同时还要供给丧葬用物。追师所执掌的玉石饰品也具有相当的数量和规模。

第五节　卝人

　　卝人隶属于地官司徒，是当时的专职矿产部门，编制为五十四人。玉石是琢制玉器的原料，是当时各种矿产品中最重要的项目，必须由专职机构负责。当然，《周礼》对卝人职任的规定并不是只有玉石一项，而是负责管理金、玉、锡、石等远古时期各种矿物产地，要求设立藩界禁令，并指派专人予以守护，同时，对产地进行勘察测量，绘出矿产地图，授予开矿人员按时开采上贡。卝人必须进行经常性的巡视检查，严格执行政府颁布的禁令。如有谁敢于触犯禁令，擅自触动封地的地皮草木，便"罪死而不赦"。一旦闯入禁区，则左足跨入斩左足，右足跨入斩右足。

　　《周礼》所讲的"金"系指金属，在当时主要是指青铜器的原料铜和锡。而玉的使用历史比金属早，经济价值比金属高，政治作用比金属要大。

第六节　职金

　　职金隶属于秋官司寇，编制一百零二人，由上士执掌。这是一个专门配合卝人加强矿产管理和开采征集的管理机构。根据

《周礼》的规定，开采部门将金、玉、锡、石这些重要的资财以赋税的形式缴贡，再由职金鉴别真伪、等级、数量、价值，然后封存保管，贴签标记，再根据需要送到有关部门加工。

职金和卝人是相互配合的关系，但彼此间分工很明确。卝人的主要任务是对地质矿藏进行保卫和保护。职金的主要任务是征集、分类和分拨。国家和王官需要金玉之货，就要下达命令组织开采。职金的权利和义务就是在组织开采的过程中发布和掌握征收的政令。对所征收到的矿产，根据《周礼》的要求和政令的具体条文再进行登记入账、鉴别和分类。这当中必须分出质地优良的、民间禁用的、宜藏圣库的，再分别上缴到有关专职部门。金属铜锡之类，要分别送到制造武器及掌管金属器物的部门，玉石则送交玉府或内府等，再由这些部门按照《周礼》的规定派用。凡国家遇有重大事件须用金石之类，如盟会、祭祀等，一概由职金负责办理。

按照《周礼》的规定，周朝拥有的涉玉机构有二十多个。其他和管理玉器有关的政府机构还有大府、内府、天府、司服、内宗、外宗、司几筵、大行人等一系列部门。西周政权的管玉官员及工贾胥徒人等有近千人，成为一个全方位的管玉体系。这一庞大的管玉系统所操持的主要任务，都属于国家政治生活的大事。这些官府在政府中都具有举足轻重的作用。这是当时的历史条件所形成的一个特殊现象。

第七章 玉石在封建王朝时期的价值

第一节 玉石怎样代表权利和财富

夏王朝建立以后，只有政治首脑们有资格用玉，国家禁止百姓使用玉器，夏王朝是最早以玉器为国家礼仪特征的政权。考古研究证实，在夏王朝王都河南安阳出土了大量玉器，其他地方却很少有夏朝的玉器出现，说明政权垄断了玉器使用。夏朝礼祀用玉，代表政权的等级和宫殿的环境，有庄严、至高无上的含义，是王权的重要标志。

商朝是我国玉器发展的第二高峰。考古发现，除王都殷墟安阳，其他地方出土的商朝玉器非常少。殷墟有个制玉作坊，出土了600多件玉石料。《周礼》明文规定"玉，不粥于市"，是现今所能见到关于玉器不能买卖的最早法规。据《周礼》的记载和《说文解字》的解释，周代用玉制度从天子到伯分为四个等级，

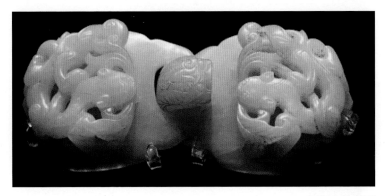

▲ 出土的白玉

即天子用纯玉，上公用四分真玉一分假玉，侯用三分真玉二分假玉，伯用真、假各一半之玉。可见，在用玉制度中，只有天子全部用真玉，其他各等级用真玉的比例越大，等级也越高。

春秋战国是中国古代社会急剧变革的一个时期，玉文化观念也在百家争鸣的过程中逐渐成熟。此时将"德"的观念注入玉的内涵，神秘意味浓厚，玉器制品成为贵族、知识分子赋予了道德内涵的佩饰，形成了中国古代学术思想史上最为活跃的开拓、创造的局面。

《韩非子》一书中曾经记载了这样一个故事：楚国人卞和在山中得到一块带石皮的美玉，便将它献给楚厉王。楚厉王使玉工辨认，玉工说是石头，卞和被认为欺君而被砍掉左脚。以后卞和又将其献给楚武王，又因同样的原因被砍掉右脚。楚文王即位后，卞和抱玉哭于楚山之下，文王派人问他为什么哭，他说是因为宝玉被看成石头而悲伤。楚文王就使玉工去掉石皮，终于得到了宝玉，并将其加工成玉璧，并命名为"和氏璧"。这个故事虽然是韩非子愤慨于法家的"法术"不被重视而编造出来的，但也说明"和氏璧"是当时人们公认的宝玉。

后来，和氏璧辗转由赵国获得。秦昭王得知赵国有和氏璧，就派人给赵惠文王送去书信，表示愿意用15座城池换取"和氏璧"。赵国派使者蔺相如带和氏璧去换城，蔺相如识破秦国的骗局，机智而勇敢地把和氏璧送回了赵国，这就是"完璧归赵"典故的由来。这个历史故事一方面说明秦王以强凌弱，另一方面也说明秦国统治者对玉器的爱好。

第二节　传国玉玺的故事

公元前221年，秦始皇嬴政统一天下，创立了玉玺制度。为处理国事，秦朝制作有6枚玉玺：皇帝行玺、皇帝之玺、皇帝信玺、天子行玺、天子之玺、天子信玺，各有用途。另外还专门琢制了一枚代表天命皇权的玉玺。玺文为"受命于天，既寿永昌"八个字，是当时的丞相李斯所写的鸟篆文，由玉工孙寿雕琢而成，这就是大名鼎鼎的传国玉玺。

所谓玺，就是印，秦朝以前就有了。例如在《周礼》之中就有许多关于"货贿用玺""玺节"的记载。从这些文字中可以看出，原来玺和印的功能并没有什么不同。自秦始皇起，便严格规定玺为天子一人专用，玺成了至尊之物。除天子外，任何人不得随便称印为玺。所以《说文》曰："玺，王者之印也。"玺字的写法，上面是尔，下面是玉。这个结构的意思是：上天授尔国家土地，尔当谨承天命宝而守之。也可以解释为上天授尔宝玉为天下之君，尔当宝之以执掌天下。从这一些解说中便可知道，玉玺绝非其他东西可比，传国玉玺又非六玺可比。传国玉玺是天命、王朝的象征，只有君临天下的人方能使用，以此说明天下所归，凭此以坐拥国朝、号令天下。反过来说，谁拥有它，谁才是名副其实的真龙天子。所以传国玉玺一经问世，便为世人瞩目。由于秦皇嬴政制玺之事发生在春秋战国之后，此时卞和献璧及蔺相如完璧归赵的故事已家喻户晓，所以也有传说传国玉玺是用和氏璧所琢，将这"天下所共传宝"与传国玉玺联系了起来。

传国玉玺在秦朝由秦始皇传给了秦二世，再由秦二世传给了公子婴。公元前206年，刘邦率军直逼咸阳，公子婴奉此传国玉玺伏地投降。五年后，刘邦打败项羽，登上了天子之位。他继承了秦朝的玉玺制度，将传国玉玺作为万世基业的象征世世传授。自此，此玉玺平静地深藏于汉宫200多年，直到王莽之时发生了重大变故。

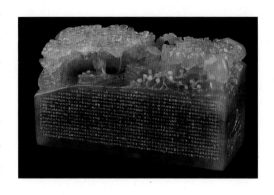

在中国历史上，王莽应算得上是篡权窃位的

专家。他以外戚的身份入朝为官扶持汉室，曾官至大司马，被封为安汉公。那时汉平帝在位，辈分是王莽的子侄，是一位12岁的孩童，他不为王莽所容。公元5年，王莽用椒酒给平帝上寿，平帝得重病而死去。王莽便从刘姓宗室中再选一名2岁的子侄"孺子刘婴"登基。王莽自称摄皇帝，操纵朝政。三年之后，王莽推翻了刘婴，自立为皇帝，改国号为"新"。白居易有诗讽之曰："周公恐惧流言日，王莽谦恭未篡时。"

王莽篡夺皇位之时，心中最牵挂的就是那枚标志天命神授的传国玉玺。这枚玉玺一直由太皇太后王政君保管。王莽向太后索要，太后不肯相让，王莽又派大臣王舜追逼，受到老太后的严词痛斥。王太后将玉玺摔在地上，玉玺被摔得缺了一个角，虽然后来用黄金镶补，但自此留下了瑕疵。

王莽得到了玉玺，但王莽在位也不过十几年的时间。有一西汉远支皇族人士刘玄起兵。刘玄加入绿林军，后于公元23年率汉军攻克长安，将王莽斩杀于渐台。刘玄被拥立为帝，号曰"更始皇帝"。新莽政权土崩瓦解，这时传国玉玺复归汉室，落入更始帝的手中，此时距离王太后驾崩也不过十年。公元25年，赤眉起义军打进长安，更始帝不得已向义军投降，传国玉玺又落到了赤眉军所拥立的刘姓后裔帝君、15岁的放牛娃刘盆子手中。西汉末年，围绕着传国玉玺所发生的政权更迭，充满了奸邪和杀戮，在后来的历史进程当中，争夺杀伐更加剧烈。

早在新莽末年，原汉高祖九世孙刘秀起兵反莽，加入了义军，公元25年自立为光武皇帝，定都洛阳，并发兵围剿赤眉军，迫使刘盆子投降。传国玉玺又传到了刘秀手中，并由此在东汉传了12代皇帝。

公元220年，曹操次子曹丕继承了他的爵位，称魏王。曹丕操纵一班文武官僚，声称汉朝气数已尽，逼迫献帝交出皇位，还美其名曰是效尧舜之道。献帝不肯答应，曹丕就陈兵于皇宫之内，大闹宫廷，追逼玉玺，斩杀符宝郎，最终迫使献帝在这一年的十月举行所谓的禅让仪式。曹丕通过占卜，选择在繁阳筑三尺高台，让献帝跪于台下，亲自捧着传国玉玺，请其登台受玺，代汉称帝。曹丕封献帝为山阳公，但需即日离京，而且从此以后未经宣召不许入朝。

公元265年，魏国帝位传到了曹操的孙子曹奂手中。司马炎继承了晋王之位以后，觉得抢夺政权的时机已经成熟，于是带兵入宫，按照当年曹丕逼迫献帝让位的做法，逼迫曹奂让位。于是重新修建受禅台，让曹奂亲自捧着传国玉玺跪在地上，请司马炎登台接受玉玺，代魏建晋。而曹奂则被封为陈留公，命其立即出京居住，没有宣召永不得进京。历史竟如此惊人地相似。《三国演义》有诗曰："魏吞汉室晋吞曹，天运循环不可逃……"又曰："晋国规模如魏王，陈留踪迹似山阳……"

自此，传国玺由魏归

晋，在晋代相传。西晋末年，司马氏发生内乱。刘渊趁机起兵反晋，攻城略地，至公元308年，刘渊自称汉帝。刘渊死后，他的儿子刘聪承继帝位，派出大将刘曜、石勒，先后攻洛阳，陷长安，俘杀晋怀帝、晋愍帝，终于灭掉了西晋王朝。传国玉玺到了刘聪的手里，后来刘聪传位于儿子刘粲，再传与刘曜。这时已改汉为赵，史称前赵。这样传国玉玺传承至十六国时期。

公元319年，刘渊手下大将石勒自称大单于，公元329年灭杀刘曜，次年改称皇帝。此乃后赵世系之始。由此，传国玉玺传入石勒之手。公元350年，后赵大将军石闵自立为帝，恢复原姓冉，改国号魏，史称冉闵。传国玉玺又落入冉闵之手。

自冉闵以后，传国玉玺于南朝宋、齐、梁、陈辗转相传，后来隋灭陈，唐灭隋，世代相袭。

五代十国时期，传国玉玺颠沛流离。唐朝末年，宣都节度使朱温叛变，在公元907年，宣布废除昭宣帝李柷，结束了大唐的统

治，并称帝即位，建立后梁政权。传国玉玺由此落入朱温手中。公元923年，后唐庄宗李存勖消灭后梁，定都洛阳称帝。传国玉玺为后唐庄宗所得，从此以后相继传承于明宗李亶、闵帝李从厚及潞王李从珂，直到公元936年河东节度使石敬瑭叛变后唐，引契丹军大败后唐

军，攻陷洛阳。末帝李从珂带全家老小携传国玉玺登玄武楼自焚身亡。从此以后，世间就不再有人见到传国玉玺的踪迹了。

传国玉玺的最大作用就在于象征天命。天命论，作为一种哲学思想，大概始于商代。到西周末年，人们对这个理论产生了怀疑。战国时荀况更提出了人定胜天的思想。但是将天命论作为统治法术来使用，却延绵了2000多年。在古代哲学思想中，天是万物的本源，是主宰一切事物的最高神灵，天命是上天的旨意和命令。

天的意志通过什么传达给人间？什么样的媒介传达的天意最为人们所信服？古人认为是玉，玉能证明帝王所代表的是真正的天命。传国玉玺将这个历史逻辑推崇至极致，演绎了众多惊心动魄的故事。

第八章 玉石高价值定义

价值高的珠宝玉石有哪些特定因素

我们现在发现的矿物有超过3000种，能制作成首饰的只有200多种，能称为宝石的也只有20多种。一件珠宝，它的价值高低多是由市场决定的。市场给它定价的时候，是有一些硬性要求的。如果非常容易获取，且存世量大，那么它的价值不会很高；美丽的外表能吸引人，是值得收藏的；好放置，能长时间保存的珠宝有传承价值；工艺性强的珠宝有收藏价值。

翡翠出产地有很多，但高品质的翡翠只产于缅甸，各方面都优质的翡翠更是少之又少。顶级的红宝石出产自缅甸，顶级的蓝宝石产自斯里兰卡，顶级的祖母绿产自赞比亚和哥伦比亚。高价值的宝石成矿条件复杂，存世量稀少。

人们大多喜欢漂亮的东西。宝石的魅力，就在于它美丽的外

▲ 缅甸翡翠

▲ 缅甸红宝石

▲ 哥伦比亚祖母绿

观，包括它的颜色、光泽和特殊的光学效应。血红色（鸽血红）是红宝石中颜色最美的；最珍贵的钻石颜色是无色、红色，钻石的光泽和高折射率使其闪闪发光，让人喜爱；最珍贵的祖母绿颜色是绿偏蓝色；最珍贵的蓝宝石颜色是皇家蓝；翡翠的颜色非常丰富，而亮绿色的翡翠更让人心旷神怡。所以宝石价值高的第二要素就是色泽亮丽。

便于存放、传承时间长的宝石，非常值得收藏。硬度高、有较强韧性的宝石，在存放过程中不会轻易被碰撞损坏；在自然气候条件下，对自然光、温度、水、腐蚀性液体等有较强的耐受能

▲ 斯里兰卡蓝宝石

▲ 红色钻石

力，不会被轻易破坏。所以宝石价值高的第三要素就是物理、化学性质稳定。

一件巧夺天工的艺术品，需要经过一代人甚至是几代人共同努力。工艺的技术需要创作者本人的努力，也需要前几辈师傅的经验传承，并借助特定的工具，还需要日积月累的钻研。普通大众能加工完成的宝石，除了它本身的价值外，是没有投资收藏价值可言的。所以宝石价值高的第四要素就是特别不易加工，并有极高的工艺要求。

综上所述，价值高的珠宝玉石一定要满足以下四点：稀有；色泽亮丽；物理、化学性质稳定；不易加工，并有极高的工艺要求。

▲ 翡翠观音牌

第三部分

翡翠滋魂

——玉石的传承

第九章　翡翠的地位

第一节　封建社会怎样推崇翡翠

　　1968年，在河北省满城县汉中山靖王刘胜墓中发掘出一件镶翡翠铜饰，镶嵌的是一个翡翠兽头。兽头扁形浅绿，鼻尖上有小块深绿色。这件翡翠饰品可能是刘胜生前用的。由此可见，汉朝时已经有了翡翠。从相关文献来看，周朝时我国就有了翡翠，但直到明朝末年，翡翠还是鲜见的珍稀宝物，翡翠制品在清朝才盛

行。清朝末年，翡翠的开采及利用达到鼎盛，清东陵慈清太后随葬宝物中的翡翠制品充分说明了这一点。

乾隆皇帝是中国封建社会后期名声较为显赫的一位皇帝，他极爱翡翠，可谓是一代玉痴。乾隆在位期间，清朝各方面的发展达到了康乾盛世以来的最高峰，艺术创作及制作工艺也达到了一个顶峰，所以无论瓷器、木器、翡翠、漆器，乾隆时期流传下来的精品很多。

　　乾隆皇帝"好古嗜器"，对玉器极其偏爱，超过了中国历史上任何一位皇帝，而翡翠的数量和工艺也因为乾隆时期的大量人力物力的投入到达了顶峰。据统计，乾隆皇帝一生所作诗句中，咏诵翡翠的就有50多首，以至于故宫藏玉3万多件，一半为乾隆年制。

　　如果说翡翠因为乾隆皇帝的钟爱而大大提高了其在玉石家族中的地位和知名度，那么慈禧太后则是将其推到玉石家族顶峰的重要人物。慈禧太后对翡翠的热爱几近疯狂。在《御香缥缈录》中有记载：慈禧太后有一套奇特的美容大法，就是每日用玉尺在面部搓、滚、摩、擦。玉尺是用珍贵的翡翠制成的一根短短的圆柱形玉辊子。

　　慈禧太后所居住的长春宫里随处可见翡翠玉器。用膳有翡翠玉筷，饮茶有翡翠盖碗，头发上插的是翡翠簪子，耳朵上挂的是翡翠耳环，手指上戴的是翡翠戒指，手腕上也少不了翡翠镯子，

手把玩件是翡翠白菜，且每件都精美异常，堪称国宝。

相传慈禧太后对翡翠西瓜爱之如命，放在最坚实的柜橱里，又加上一把机械锁。要想打开这把锁，必须把钥匙插入锁心左转五次才行，方向转错、多转或少转，都不能开锁。慈禧太后派了几名亲信太监，三人一班，轮流看守这件珠宝。每到高兴的时候，她就让太监取出翡翠西瓜，尽情观赏，还常向人夸耀，说这是天下独一无二的稀世珍奇！

这件举世珍品翡翠白菜，名气很大。慈禧太后最喜欢它的形色，其形呈嫩芽，绿叶白心，十分逼真。现藏于台北故宫博物院。

关于慈禧不惜耗用海军军费修建颐和园的史实已为世人尽知，她生前挥霍无度，收集了无数珍宝，死后又将大批宝物带入墓中，企图在另一个世界继续享用。她的殉葬之物无论数量还是价值都非常惊人，尸身穿着珠串袍褂，佩戴两挂珍珠朝珠，装裹尸体用的是金丝珠被，被上缝宝珠上千粒，被上还撒几十粒一钱重圆珠。身上铺满宝珠3000多粒。慈禧太后尸身头戴珍珠凤冠，冠上一枚大珠，重四两，当时价值1000万两白银；手臂上戴着一支镶嵌钻石的手镯；头部上方是一个碧绿的翡翠荷叶，脚底之下有一枝粉红的碧玺莲花，身体左右摆放27尊玉佛；脚下两旁放有宝石制成的桃、李、杏、枣200多件。另外，棺椁中还放置玉马8尊，以及玉石罗汉、玉制莲花、荷藕、荸荠等等，总计700多件。

因为受到乾隆皇帝和慈禧太后的推崇，翡翠作为后起之秀成为玉石之王。翡翠从缅甸传入中国，受到王公贵族的喜爱，当时流传着一句话，"明清必然无佳翠，偶见必出帝王家"。乾隆皇帝之后，清朝各代皇帝都喜爱翡翠。因此，翡翠在清代有了"皇家玉"的美称。

第二节　近代哪些翡翠作品影响它在珠宝界的地位

明代伟大的医学家李时珍在其传世之作《本草纲目》中记载，玉石具有除中热、解烦闷、润心肺、助声喉、滋毛发、养五脏、疏血脉、明耳目等功效。千百年来科学研究和人民群众使用证明，珠宝玉石有一定的医疗或保健作用；现代矿物医学、物理学、化学和生物学的综合研究的结果表明：翡翠中含有对人体有益的微量元素，如锌、镁、铁、硒、铬、锰、钴、铜等。经常佩戴翡翠饰品，可使这些微量元素通过人体的皮肤、穴位进入人体，由经络及血液循环而遍布人体，从而在一定程度上起到补充

人体欠缺、平衡生理机能、保健延年的作用。上等的绿色翡翠乃玉中的精品，被称为"玉石之王"。绿色是希望、和谐、青春、永恒的象征，翡翠的绿色给人积极的遐想，我国古代医学有"肝开窍于目""绿色养肝明目，杂色伤肝伤身"之说。直至

近代，爱翡翠的人数不胜数。

20世纪30年代是翡翠首饰在上海流行的黄金时代，当时女人的服饰以旗袍为主，玉石饰品最能展现东方女性美，华贵的旗袍配上高贵的翡翠首饰，美轮美奂。上流社会的名媛淑女以佩戴翡翠首饰作为时尚及身份的标志。宋美龄就是当时引领翡翠时尚的著名人物。

宋美龄的一对麻花翡翠手镯，在翡翠收藏界很有名。这对手镯本来不属于宋美龄，是上海青帮杜月笙夫人所有。一次宴会

上，宋美龄一眼就被杜夫人佩戴的这对翡翠手镯吸引了，杜夫人脱下给宋美龄鉴赏，宋美龄爱不释手，杜夫人只好割爱送给宋美龄。从此，这对翡翠手镯宋美龄很少离身，很多重要场合都戴着它。

▲ 《群芳览胜》花篮摆件

《群芳览胜》花篮摆件篮高64厘米，其中满插牡丹、菊花、月季、山茶等四季花，是当今世界最高的一个翡翠花篮。翡翠花篮《群芳览胜》是四件国宝翡翠摆件之一，它采用传统套环技法雕琢出提梁和两条各有32个环40厘米长的活动链子，从篮体中掏出的玉料也没有浪费，被雕琢成各种花枝，插嵌在篮中。花篮局部的牡丹、菊花、玉兰花、月季、山菊、萱草花等花卉造型优美，花型豪放。花卉枝叶舒展优美，呈现出一幅百花争艳、欣欣向荣的景象。

▲ 《含香聚瑞》 花熏

　　《含香聚瑞》花熏高71厘米，宽56厘米，厚40厘米，重274公斤。熏的主身是以两个半圆合成的圆球体，集圆雕、深浅浮雕、镂空雕于一体，体现了中国当代琢玉技艺的高精尖水平。花熏由底足、中节、主身、盖、顶等五部分组成，以主身和盖组成的球体为中心，周围饰以圆雕龙；在盖、中节、底足三部分，以深浅浮雕的技法，装饰传统的青龙、白虎、朱雀、玄武"四灵兽"图案；盖的周身通体镂雕唐代传统的蕃草图案。此款翡翠花熏作品不仅发挥了中国玉器雕刻历史上高难度的套料工艺，而且是料中套料、小料做大的手法，增加了原料绿色部分的展现面积。

　　《岱岳奇观》景观山子高88厘米，宽83厘米，厚50厘米，重363.8公斤。这件作品以翡翠的绿色部分表现泰山正面的景色，突出了十八盘、玉皇顶、云步桥等奇景，显示了泰山的雄伟气势和深邃意境。从用料上来看，这件翡翠景观山子是以世界上罕见的

▲ 《岱岳奇观》景观山子

重达368公斤的大块翡翠石料雕琢而成，艺术家们根据材料的形状、色泽、质地等，量料选题，设计五岳之首的泰山，象征中华民族的精神。从布局上来看，艺术家们经过多次上泰山写生和观察，进行艺术概括，突出重点，以中天门为中心，集中表现十八盘、天街、玉皇顶等主要景观，舍弃一些次要的景观。作品的正面，绿色翡翠部分多而密，设计为泰山的阳面，雕刻以层层叠叠、郁郁葱葱的树林，并以亭台楼阁、人物、鹤、鹿、羊、小桥、瀑布、溪流等作为近景，突出展现翡翠质地及玉器制作的精湛技艺。中景的山峰没有过多的琢磨加工。翡翠的背面，呈深沉的油青色，所以设计为泰山的阴面。在左上方，刻着唐代诗人杜甫的《望岳》，以篆体字琢于其上，填以金色，风格古朴高雅。石料正面右上方的边缘有一块玉料呈红棕色，雕刻家们利用这一难得的颜色，设计成一轮红日在山巅徐徐升起，隐现于云彩之中。

▲ 《四海腾欢》插屏

　　《四海腾欢》插屏高74厘米，宽146.4厘米，厚1.8厘米，是当今世界最高大的一个翡翠插屏。插屏整个画面以中国传统题材"龙"为主题，9条翠绿色巨龙，在白茫茫的云海里惬意穿梭。

　　从用料上来说，该翡翠插屏是将一块板状翡翠料一剖为四，拼镶成屏，玉料质地细腻，鲜艳的绿色与红木融合绝妙。从题材上来说，翡翠插屏设计为矫健的九龙在云海中翻腾，象征着中华民族的腾飞精神。从布局上来说，该翡翠插屏妙用俏色，在局部位置浮雕云、龙、海水，显现出云涌、龙腾、波涛激荡的宏大场景。从整体上来看，该翡翠插屏精巧的雕工与玉料中的天然纹理、色彩交相辉映，展现出了"九龙闹海""四海腾欢"的意境。

第十章　翡翠的定义及现状

第一节　什么是翡翠

　　翡翠是一种矿物，它的成矿条件复杂。在低温（100~400℃）、高压（5~7MPa）的情况下，地表深处含有富钠质岩石和多钠长石的岩石，经过地壳运动和地层的大断裂，发

生了强烈的挤压，进而产生质变，即岩石变质时钠长石分解，才能形成翡翠。一亿八千万年前，缅甸位于印欧板块碰撞的东侧，地质体正好处于低温高压带，缅甸由此盛产翡翠。

从化学成分来看，翡翠是一种钠铝硅酸盐矿物。

分子式：$NaAl(Si_2O_6)$

平均化学成分：SiO_2，58.28%；Al_2O_3，23.11%；Na_2O，13.94%；CaO，1.62%；NgO，0.91%；Fe_2O_3，0.64%

此外，翡翠还含有金属铬、钽、铁、锰、镍、铜、钛、钒等微量致色元素，这些致色元素使翡翠呈现出绿、红、紫、黄、黑、白、蓝等色彩。

致色主要元素：

绿色——铬离子（Cr）

紫色——锰离子（Mn）

红色——铁离子（Fe）

黄色——铁离子（Fe）+钽离子（Ta）

黑色——钴离子（Cr）+铁离子（Fe）

从矿物学的角度来看，翡翠属于辉石类，单斜晶系，结构以短柱状为主，纤维状、毯状为辅。

翡翠的物理性质：

摩氏硬度：6.5～7

密度：3.33～3.34

光泽：玻璃光泽

折射率：1.66

溶解度：约1000℃

Lot No. 8671
Pieces 20
Weight (Kg) 59.00
Reserve Price 500,000
(Euro)

▲ 缅甸公盘上的翡翠原石

第二节 翡翠的产地

缅甸是翡翠原石的主要产地，占世界产量的80%以上，是世界上宝石级翡翠的主要供应国。此外，在哈萨克斯坦、美国、危地马拉、墨西哥、哥伦比亚和日本等地也有少量的翡翠矿床，但质量远远比不上缅甸的翡翠。

缅甸北部的勐拱、帕岗、南岐、香洞、会卡等地产翡翠，每个地方都有质量高的原石出产。地质专家考察后发现，世界上质量最好的翡翠，产于缅甸的隆肯翡翠矿区，此区位于缅甸西北部，距密支那西北136公里，距勐拱西北102公里。出产优质翡翠的地区长70公里，宽20公里，面积约1400平方公里。由于近几十

年的密集开采，好的原材料已很难挖掘出来了。仰光每年会举办原石公盘交易，但只对中国大型的珠宝公司发出邀请，如果个人想进入公盘交易场，需要交纳5万欧元的会员费。电子商务兴起后，在内比都、瓦城（曼德勒）、实皆等地，有很多商人通过网络直播将翡翠销售到全世界。

日本的翡翠产地散布在日本新潟县、糸鱼川市等地，主要为原生矿，较多粗粒结晶的硬玉集合体，颜色以绿色、白色为主，透明度差。

美国的翡翠主要发现于加州，有原生矿也有次生矿，大多只能用作雕刻材料，缺少首饰级的翡翠，透明度差，且结构较粗。

哈萨克斯坦的翡翠原生矿主要在伊特穆隆达和列沃-克奇佩利矿，和该地的蛇纹岩体有关。原料主要呈浅灰、暗灰、浅绿、暗绿等颜色，其品质大多和缅甸不透明、晶体粗的原料相当。

危地马拉的翡翠矿是在1952年被发现的，其矿床主要由硬玉及透辉石、钙铁辉石组成。据说，危地马拉的翡翠在古老的玛雅

▲ 云南瑞丽姐告市场

▲ 河南南阳石佛寺市场

文明中就已非常有名，后来随着玛雅文明的神秘消失而失传。直到1975年一对美国夫妇才在该国重新发现和开发出这一瑰宝。目前，危地马拉的翡翠主要由当地的公司控制开采。市场上见到的危地马拉翡翠有黄色、绿色、蓝色、黑色。

　　墨西哥的翡翠矿在临近危地马拉的北部，这里出产的原料玉质细腻，但是颜色深黑。我国销售的墨西哥玉料，大多数都会解成薄片，或加工成很薄的雕件、蛋面。

　　有史料记载，云南省出产翡翠。近年来，有个别作者、商家、电商主播也提出云南出产翡翠，更有甚者将翡翠定义为"云

▲ 昆明螺蛳湾国际商贸城

▲ 云南腾冲市场

▲ 云南盈江公盘

▲ 广东四会天光墟市场

南玉"。经过多年的地质勘探，并没有在云南境内找到翡翠矿脉，所以云南并不出产翡翠。

早期，翡翠由缅甸进贡朝廷，进入我国境内。中缅边境一座有近五百年历史的文化名城——腾冲，在新中国建立初期，经营翡翠的商家有数百家，形成了比较成熟的加工、销售翡翠的集散地。在一段时间内，昆明也是翡翠的集散地。滇池还曾出土木质帆船，里面有瓷器和很多翡翠、水晶成品，以及翡翠、水晶原料。

目前，国内相对集中的翡翠集散地，在云南的瑞丽、盈江、腾冲、昆明，广东的广州、揭阳、四会、平洲，以及河南的南阳

▲ 广东揭阳阳美玉器街

▲ 广东揭阳公盘上的翡翠原石

等地。云南的盈江和广东的平洲、揭阳每年都有公盘活动，商家会拿出原石，放在市场给众人参观、选购，价高者得。在云南的

▲ 广州华林玉器街

瑞丽市，玉雕大师、翡翠色料和戒面品种最集中。广东的四会市的雕刻挂件品种最丰富，加工工费也相对较低。

广东的平洲镇，手镯能满足全国甚至全世界的需求。

▲ 佛山平洲市场

第三节　近期的拍卖行情

在苏富比拍卖史上，有一串翡翠项链，是传奇名媛芭芭拉·霍顿所拥有的天然翡翠珠项链，是1933年她与乔治王子成婚时，其父特意在卡地亚为其定制的结婚礼物，对于她来说，极具纪念意义。芭芭拉·霍顿是美国零售业巨子伍尔沃斯的外孙女，也是西方极少数收藏翡翠的名流之一。

这串成交价最高的翡翠饰品，价格超过2亿元人民币，由27颗直径15.4毫米至19.2毫米不等的同料帝王绿翡翠圆珠构成，硕大的分量世间罕有。据说这串珠子出自清宫廷，它涉及从中国清朝到20世纪初西方社会的历史，引得当时的收藏家激烈竞拍。

近几年翡翠拍卖行情：

▲ 帝王绿翡翠平安牌，华艺国际（北京）拍卖会，成交价5635万元人民币

▲ 玻璃种翡翠满绿项链，香港苏富比拍卖会，2020年10月7日成交价6296.3万港币

▲ 玻璃种翡翠满绿手镯，香港苏富比拍卖会，成交价5959万港币

▲ 紫色翡翠项链，保利香港拍卖会，成交价2124万港币

▲　玻璃种翡翠满绿笑佛挂件，保利香港拍卖会，2017年10月2日成交价955万港币

▲　玻璃种翡翠满绿福瓜挂件，保利香港拍卖会，2017年10月2日成交价1200万港币

▲　翡翠镶钻套装，成交价7080万港币

▲　帝王绿翡翠无事牌，成交价4649.2万港币

第十一章　翡翠的鉴定

第一节　与翡翠最相似的玉石有哪些

市面上有很多玉石，如果不使用仪器鉴定，很容易被认为是翡翠。几种肉眼观察和翡翠非常相似，最难分辨的矿物有水沫子、玛瑙、和田玉、东陵玉、岫玉、独山玉。

钠长石玉，俗称水沫子，密度2.6—2.64，摩氏硬度6，主要产地在缅甸。以无色透明为主，黑色、黄色次之，绿色较少，这种矿物多和翡翠矿伴生或共生。由于它的性质不稳定，大多成品在自然环境放置一段时间后，原本清澈的玉料会变混浊，生白棉。

玛瑙，又称玉髓（行业内习惯把缠丝纹不明显的玛瑙称玉髓），密度2.65，摩氏硬度6.5～7，全世界很多国家都有矿脉。玛瑙与翡翠最大的不同就是有缠丝纹。

　　和田玉，俗称软玉，主要矿物成分为透闪石、阳起石，密度2.98，摩氏硬度6～6.5，主要产地在中国、俄罗斯、韩国、新西兰、加拿大。和翡翠最相似的白色和田玉产自我国新疆、青海。它不同于翡翠的最大特点是，能够通过肉眼观察到纤维状结构。

　　东陵玉，含铬云母石英岩的矿物，密度2.65，摩氏硬度6.5，主要产地在中国河南、印度。东陵玉内部有很多黑色线条纹，或细小的黑点，这是它与翡翠最大的不同之处。

 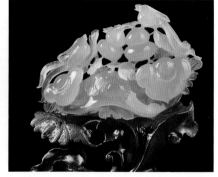

岫玉，它是蛇纹石集合体，密度2.6，摩氏硬度4.5，主要产地在中国辽宁岫岩县。岫玉制品没有翡翠的玻璃光泽，主要呈现蜡状光泽。

独山玉，俗称黝帘石或斜长石，主要矿物成分为钙铝硅酸盐，密度2.9，摩氏硬度6～6.5，主要产地在中国河南南阳。它与翡翠最大的不同点就是成品有蜡状光泽。

第二节　真假翡翠的定义是什么

行业内，把天然翡翠以外的翡翠都称为假货。具体可细分为翡翠"A货""B货""C货""B+C货"。

翡翠A货是真正的天然翡翠，它的结构、透明度、色彩、光

▲ 翡翠"A货"

泽有翡翠的天然之美、本质之美，其制品可长期佩戴、摆放、保存，不会出现褪色、变色现象。

把质地疏松、透明度差的翡翠，放在接近100摄氏度的强酸、强碱溶液中，腐蚀30天左右，使翡翠的原有结构受到破坏，矿物颗粒间的连接强度降低，再用透明有机胶或无机胶在真空、高压状态下作填充处理，打磨抛光。这样，肉眼看上去它的质地、透明度得到改善，多成为透明度高、无杂质的翡翠，这样的翡翠，我们称它为B货翡翠。时间久了，其内部的填充物会老化，失去光泽。

将无色或色淡的翡翠，用加工B货翡翠的方法，用强腐蚀液处理后，用有颜色的有机胶或无机胶在真空、高压状态下进行填充处理，打磨抛光，成为石质细腻、无杂质、颜色浓郁的翡翠，这样的翡翠，我们称它为C货翡翠。有颜色的填充物只存在于翡翠晶体的裂隙之间或晶体间，不能与晶体融为一体，时间久了，填充物会老化，颜色会褪去。

把质地疏松、透明度差、颜色差的翡翠，利用强酸、强碱溶液，在高温下腐蚀，再用有颜色的有机胶、无机胶在真空、高压下作填充处理，打磨抛光，成为石质细腻、透明度高、颜色浓郁的翡翠，我们称它为B+C货翡翠。一段时间后，其内部的填充物会老化，失去光泽，颜色会褪去或者变淡。

简单地说，A货是天然翡翠，化学性质稳定，硬度高，具有存放、投资、收藏价值。B货的质地、透明度假；C货的颜色假；B+C货的质地、透明度、颜色假，它们都被化学物质处理过，没有投资、收藏价值。

▲ 作假翡翠原石，内部填充绿色牙膏

第三节　真假翡翠的鉴定方法

▲ B货翡翠

B货翡翠特征及鉴定方法

1.光泽异样，颜色不自然，在高倍显微镜下可观察到注胶形成的小而光滑、具有树脂光泽的橘子皮结构和残留的气泡，反光较弱，呈云雾状。

2.因填充物比翡翠质量轻，B货翡翠会在3.3的比重液二碘甲烷中浮起。

3.用红外光谱仪或拉曼光谱仪分析：这是目前一种权威的鉴定B货的分析方法，B货翡翠在红外波长2900^{-1}cm附近会出现3个吸引峰，这是由树脂胶引起的。

4.用紫外线灯照射，或用红宝石滤色镜观察，许多B货发黄白色荧光（这是由填充物环氧树脂引起的，若充填物非环氧树脂，

▲ 红外光谱仪

▲ 拉曼光谱仪

则无黄色、白色荧光）。

5.B货的折射率大于或小于1.66。

6.用细线把手镯吊起，用铁钉、玛瑙棒轻敲，声音沙哑的为
B货。

C货翡翠特征及鉴定方法

1.用肉眼观察，会觉得颜色夸张，不正，不自然。

2.在透光下观察，或在10倍放大镜、显微镜下观察，可以发

▲ C货翡翠

现颜色是附着在玉件的外表，或是堆积、附着在翡翠的微隙间，常呈网状、团状分布，没有色根。

3.用查尔斯滤色镜观察，A货的颜色仍为绿色，而C货的颜色在镜下多呈粉红色、红色。

4.用分光仪检测，由于C货含有大量的氧化铬染色剂，红色区域显出较宽的吸收带，而A货的吸收带很窄。

5.强酸腐蚀、注胶的翡翠，硬度变低，玉石间相互有摩擦，很容易将表面磨损。用手拿起成品，让玉件表面与眼睛呈45度角，转动观察玉石的反光面，如果发现玉件表面有牛毛纹、不规则细纹，则极有可能是酸洗、注胶的制品。

第十二章　哪些标准决定翡翠的价值高低

　　判定一件翡翠材料、成品质量优劣时，需要从质地、透明度、颜色、净度、地张、工艺、重量和完美度八方面进行衡量，然后做出综合评价。

第一节　种

　　质地，行业内俗称"种"，是翡翠质量高低的重要标志。质地反映了翡翠中纤维组织的疏密、粗细，以及晶粒粒度的大小、均匀程度。结构致密细腻，肉眼完全看不到颗粒，晶体小而均匀的玉石质量较好；结构疏松，肉眼能够看到颗粒的玉石质量较差。

▲ 玉质细腻至疏松（价值由高至低）

第二节　水

　　透明度，行业内俗称"水"。这里所说的透明度是光在翡翠中的透过能力，透明度的强弱程度，决定了翡翠是否润泽、晶莹、清澈，透明度与质地、颜色及玉石的厚薄因素有关（玉石越厚，透光能力越差；玉石越薄，透光能力越强）。在翡翠界，透明度好的翡翠饰品称水好、水头足等，反之则称水干、水短等。翡翠透明度越高价值越大。

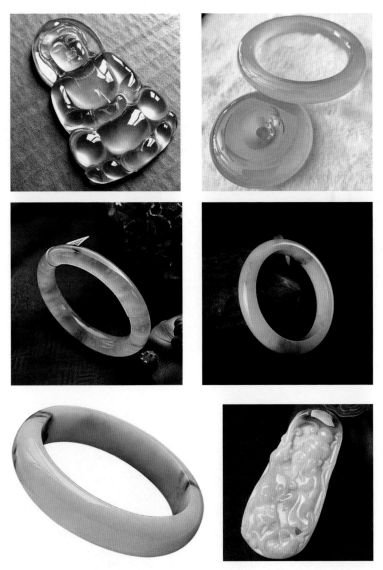

▲ 透明度由高至低

第三节　色

颜色，简称"色"。翡翠的颜色非常丰富。通常，行业内称红色为翡，绿色为翠，紫色为椿。颜色可细分为以下几类。

绿色：绿色以不偏黄也不偏蓝为最好。

阳绿色：绿色中，有黄色调的绿色。

▲ 阳绿色

青绿色：绿色中，有蓝色调的绿色。

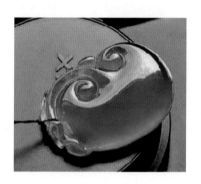 

▲ 青绿色

油绿色：绿色中，有灰色调的绿色。

▲ 油绿色

红色：红色越艳丽，质量越好，越暗淡，质量越差。

深红色：颜色接近鸡血色，色浓、色调重。

▲ 深红色

艳红色：比较明亮、鲜艳的红色。

橘红色：有艳黄色调的红色。

▲ 艳红色   ▲ 橘红色

褐红色：有暗黄色色调的红色。

▲ 褐红色

紫色，又称椿色。

红椿色：紫色调中，整体颜色偏红色调，类似熟透的红桃色。

▲ 红椿色

紫椿色：紫色调中，整体颜色偏深蓝色调，类似熟透的紫茄子的颜色。

▲ 紫椿色

黑色，又称墨翠，自然光下，肉眼可见的黑色系，越黑质量越好。

▲ 极黑

▲ 黑色

▲ 黑偏蓝色

黑色翡翠，在强光灯透光下肉眼可见的颜色，透光越绿越好。

▲ 绿色

▲ 墨翠呈现偏蓝色

▲ 不透光

蓝色：蓝色越接近绿色调，质量越好。

▲ 偏绿色调蓝色

▲ 正蓝色

▲ 偏灰色调蓝色

白色：越接近无色质量越好，越白质量越差。

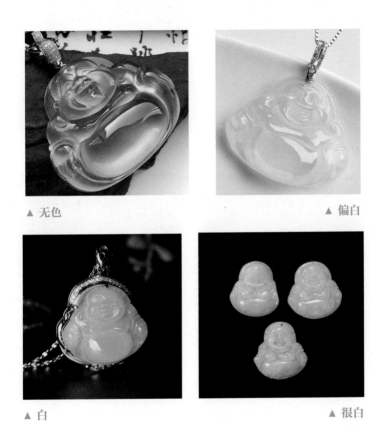

▲ 无色　　　　　　　　　　　　　▲ 偏白

▲ 白　　　　　　　　　　　　　　▲ 很白

第四节　瑕疵

净度，即翡翠的纯净程度，用来表示翡翠中的黑点、黑块、白棉、细纹、裂痕多少。翡翠原料和成品的净度越高质量越好；反之，质量越差。

▲ 有裂纹，白棉，黑点

▲ 有黑点，白棉

▲ 有黑点

▲ 白棉多

第五节　地张

　　地张，又称"底"或"底子"。判断"底"的优劣有两项指标：一指翡翠中颜色的部分与颜色以外整体之间的协调程度，即质地、透明度和颜色之间相互衬托的效果；二指颜色以外部分的净度。地张是一项综合指标，是翡翠质地、透明度、颜色、净度状况的综合体现，同时还包含了颜色的表现特征。

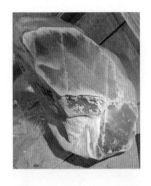

这块翡翠原石，绿色，玉质细腻，透明度高，虽然有裂纹，但是能出精品挂件，价值高。

这块翡翠片料，玉质细腻，透明度高，能出精品手镯，价值高。

这块翡翠原料，有绿色，玉质疏松，透明度低，小裂纹多，价值不高。

这份翡翠片料，有紫底，但是玉质疏松，透明度偏低，棉和小裂纹多，价值低。

颜色的表现形态有：满色状、团状、带状、丝状。

▲ 颜色呈满色（通体）状

▲ 颜色呈团状

▲ 颜色呈带状

▲ 颜色呈丝状

第六节 工艺

工艺，简称"工"，包括翡翠制品的雕刻设计构思、图形款式、雕刻制作、打磨抛光工艺的水平。构思独到高雅、文化内涵丰富、做工精良的饰品，方为质量上乘。

1.设计工艺

设计的工艺由好到次可细分为以下几种。

完美：依据毛料的特点，手绘出适合的题材图案，对颜色、瑕疵运用极其考究，出神入化。

▲ 俏色巧雕"祈福"

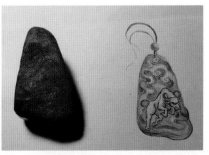
▲ 红翡"奔牛"

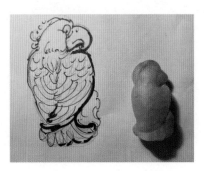
▲ 俏色巧雕"英明神武"

很好：依据毛料的特点，画出适合的题材图案，未作俏色处理，瑕疵运用、遮瑕得当。

好：依据毛料的特点，画出适合的题材图案，未作俏色处理，瑕疵处理得当。

差：没有依据毛料特点设计，未作俏色处理，瑕疵处理不当。

2.雕刻工艺

雕刻的工艺由好到次可细分为以下几种。

完美：线条流畅，素面工整、平滑，瑕疵处理程度无可挑剔。

很好：线条流畅，素面工整、平滑，强光灯观察可见瑕疵。

好：线条流畅，素面工整、平滑，自然光下肉眼观察，可见少量瑕疵。

▲ 大日如来挂坠

▲ 雕刻中的翡翠"如意"

差：线条不流畅，素面不工整、不平滑，肉眼容易观察到瑕疵。

3.打磨抛光

打磨抛光的工艺由好到次可细分为以下几种。

完美：反光度极高，线条细腻，素面平滑，表面无任何细纹、划痕，凸出图形，凹处与平面接处位置极细腻。

很好：反光度极高，线条细腻，素面平滑，表面无任何细纹、划痕，凸出图形，凹处与平面接处位置不够细腻。

好：反光度高，线条细腻，素面有细小凹痕，表面无任何细纹、划痕，凸出图形，凹处与平面接处位置不够细腻。

差：反光度差，线条不细腻，素面有凹痕，表面有细纹、划痕，凸出图形，凹处与平面接处位置不细腻。

▲ 抛光工序"过皮轮"

▲ 抛光工序"顶竹签"

第七节　重量

　　重量，就是翡翠本身的重量。两块在质地、透明度、颜色、工艺方面相近或相同的翡翠，重量大的价值高于重量小的。相同品质下，手镯的价值高于戒指，高于挂件，高于小件。

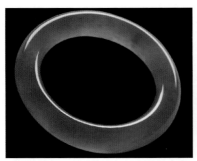 

第八节　完美度

完美度，一指翡翠作品长度、宽度、厚度比例的协调程度；二指玉件的尺寸大小，图案对称，成双、配套的完好程度；三指在翡翠制作时巧妙使用玉料，使图形、图案、构造无缺憾的理想程度。

▲ 一件价值低的翡翠原石，在经过完美工艺后蜕变为企鹅造型

　　综合以上这些评级标准，简单的概述翡翠质量高低：一是地张好的翡翠质量一般都在中上等，地张不好的翡翠只有通过好的设计和加工工艺，才能创造翡翠的最大价值；二是玉质细腻、透明度好、颜色艳丽、净度高的翡翠，质量都在中上等，玉质粗、透明度差、颜色暗淡的翡翠质量一般较差。

▲ 配对程度高的翡翠耳坠　　　　　　　　　▲ 配对完美的福禄寿手镯

第十三章　翡翠的加工工艺

第一节　设计

　　玉雕师面对一块翡翠原石，不会马上解开加工。一般先分析原石的裂纹，如果是穿透裂，就会顺着裂解开翡翠；再根据原料

▲ 手镯

▲ 戒面

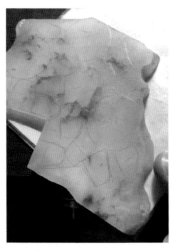

▲ 吊坠

▲ 摆件

综合分析，选择加工类型，通常有手镯、戒面、吊坠、摆件、珠子、把玩件等。

▲ 珠子

　　原石片料大小合适、没有裂纹，一般会加工成手镯。它的工序相对简单，受众也最为广泛，是许多女士喜欢的物件。根据玉石质地、杂质、颜色的不同，设计成不同形制的手镯，如圆镯、麻花镯、福镯、贵妃镯、童镯（内圈圈口小于51毫米）、异型镯、雕花手镯。

▲ 圆镯（整体呈圆环形）

▲ 麻花镯（形状和麻花一样）

▲ 福镯（外弧内平形）

▲ 贵妃镯（椭圆形）

▲ 异型镯（形状不规整）　　　　▲ 雕花手镯（雕刻有花纹的手镯）

　　很多人认为戒面是用翡翠的边角料制作的，这个是有一定道理的。解开原石后，有一些比较小的料子，没办法做大件，就会将其琢磨成戒面。戒面也是翡翠最精华的部分，虽然小，但是各方面的要求却是相对较高的。有些原石解完后，会把好的部分剥离出来，选用小而精的料子来做戒面。

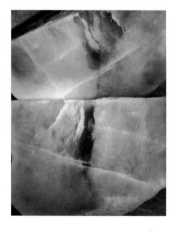

　　中国几千年的传统文化，在玉石形制方面，大多体现在玉石

吊坠上。除了人物设计，一般题材也能用玉料体现。不论玉料的形状、厚薄，以及是否有瑕疵，玉雕师都能够处理，将其制作为成品。玉雕师通过各种雕刻技法来处理玉料上的瑕疵，或者化腐朽为神奇，把瑕疵当作特点来设计，创作出独一无二的作品。

大型的玉石，如果颜色、质地有特点，或者小裂纹比较多，不适合解小加工，玉雕师会选择将其加工成摆件。很多玉雕大师为了展示自己高超的雕刻技术，也会选用大件的玉料来创作。

如果整串翡翠珠子都有近乎相同的质地、颜色、透明度，成品珠串的价格也会较高。有些玉料的裂纹比较多、白棉重，干净的部位却很漂亮，玉雕师就会把最好的部位取出来，打磨成圆珠。

有的玉料，整块料子并不大，如果解开做吊坠会变成小件，价值没有最大化。这样的玉料，玉雕师就会将其加工成拿在手上把玩的玉件，或者用道具衬托做成小摆件。

第二节　雕刻

很多质地一般的玉料，在加工成吊坠时，为了节省雕刻成本，货主会选择用超声波冲压机来加工。将玉料解成大小合适的片料置入机器中，设置时间，时间到了就会成型。

▲ 翡翠机器雕刻

如果没有熟悉的玉雕师，且玉雕师的雕刻技术也参差不齐，同时为了节省雕刻成本，现在大多数货主会选择用立体精雕机来加工玉件。把玉料解成大小合适的片料置入机器中，设置雕刻的参数，时间到了就会成型，将其手工修整、打磨，即可出货。

手工雕刻的玉件有灵动的感觉，但需要有经验的玉雕师加工。质量好、有特点的玉料，都会请玉雕师手工雕刻。好的玉雕师会分析玉料的特征，设计最合适的题材，并将特点、瑕疵进行技术处理，追求孤品的创作效果。手工雕刻的工序很复杂，依次有设计、打坯、精雕等。

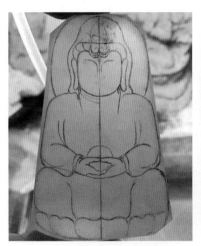

▲ 设计

▲ 打坯

▲ 精雕

第三节　打磨

一般超声波冲压机加工成型的玉件，会使用震机打磨。

打磨时，在几种规格型号不同的震机中，放入不同大小的硬质小石子，加入钻石膏；将玉件放入震机中，先在放大石子的震机中打磨一段时间，再依次放入小一号石子的震机中打磨。7—15天后，将细节和缝隙拉光，打蜡，就能够出成品了。

好的玉雕作品，会选择纯手工打磨，这个工序非常复杂，有顶铁钉、过毛刷、上油漆、过钢刷、顶竹签、过皮轮、清洗、上蜡等工序。

▲ 顶铁钉

▲ 过毛刷

▲ 上油漆

▲ 过钢刷

▲ 顶竹签

▲ 过皮轮

第四节　镶嵌

　　自古就有金镶玉的工艺。采用镶嵌工艺，一是为了衬托玉石，二是为了方便佩戴。很多玉件需要用硬质金属镶嵌。玉吊坠的挂孔处，如果用绳类打结，时间久了就会磨损，绳类容易断，玉坠有掉落的风险，用硬金镶嵌一件扣头，就能解除该风险。断

▲ 镶嵌工厂一角

裂的玉镯，也可以通过镶嵌的方式加固断口，重新佩戴。如果吊坠偏小，用硬金加上小的配石镶嵌，会使吊坠变大，更出彩。用蛋面做吊坠或者戒指，需要一整套工序来完成，依次是：设计，雕蜡，种蜡树，倒模，执模，微镶，抛光，电镀。

设计：构思，并手绘出草图，然后使用制图软件将草图以精确的尺寸进行电脑绘制，完成最初的设计图纸。

雕蜡：参照设计图纸手工雕刻出蜡版。

种蜡树：将多件蜡版连接到一起。

倒模：蜡遇金水会融化，金水即变成蜡版的形状，一件首饰就大体成型了。

执模：金件出来之后，表面比较粗糙，需要用砂纸等工具进

行打磨。

微镶：将打磨好的金件，按设计方案镶嵌配石和主石。

抛光：将整件首饰的所有位置作精抛光。

　　电镀：电镀白金。18K白金是75%的黄金，加入25%其他金属的混合体，呈淡黄色，所以需要电镀白金，其他如铂金、18K黄金、18K玫瑰金属于本色金，不需要电镀白金。

附录

附录一　翡翠雕刻题材的文化寓意

　　玉石行业有句话，叫"玉必有工，工必有意，意必吉祥"。中国玉石雕刻历史悠久，雕刻题材丰富多彩。能工巧匠在翡翠雕琢中巧妙地融入了中国文化，通过以动物、植物、山水、人物、神话、传说或其组合图案，通过谐音、比喻、象征等艺术手法来表情达意。这些吉祥图案表达了人们对美好事物的愿望、追求、寄托和向往，或许这就是玉石作品文化内涵的真谛。

一、传说人物

　　1.观音

　　观音菩萨在我国传统文化中具有崇高的地位。传说中，观音

的佛法无边，人们视观音为救苦救难的象征，也是广大信众眼里至高无上的守护神。观音的形象慈眉善目，面带笑容，给人以温和善良之感。

观音在印度佛教中是男身，大约在魏晋时期传入中国，当时观音还是以"伟丈夫"的形象高坐佛堂。在甘肃敦煌莫高窟的壁画和南北朝的木雕中，观音也是以男子汉形象出现，嘴唇上还有两撇胡须。后来，在民间流传的观音已经不是纯粹的佛教观音菩萨了，而是佛教文化与中国道教文化的融合，把佛教观音菩萨与道教的王母娘娘结合了起来。尤其是唐代武则天掌权以后，随着女性地位的提高，在观音形象中逐渐融入了母性慈爱的一面，使之逐渐演变为女菩萨形象。

不论是古时的科举考试还是当今的高考，家长们都希望自己的孩子学业有成进而事业有成，而观音一词的发音又同"官印"之音，带有成龙成凤的寓意。人们也经常祈求观音菩萨保佑自己及家人、朋友万事如意、吉祥多福，远离世间欲念，内心安定祥和。在人们心中，观音菩萨是圣洁而高贵的象征，如莲花一般出淤泥而不染。自古以来，观音菩萨都是慈悲为怀、慈眉善目的形象，所以，拜观音菩萨在驱除人们杂念的同时，也教诲人们要平心静气。

2.笑佛

弥勒佛，大肚佛，代表着中华民族的宽容、智慧、幽默、乐观的精神。弥勒佛是我国佛教寺院中常有的一尊佛，通常将他尊奉在寺庙进门之处。由于大肚弥勒佛慈颜善目，笑口常开，代表佛教宽宏大量、慈悲为怀的宗旨。人们在见到他时，常会生发轻松愉快的心情，也为佛法庄严的寺庙带来愉悦的气息。在部分寺院有这样的对联："大肚能容，容天下难容之事；笑口常开，笑世间可笑之人。"佛联令人回味，它蕴含着深奥的人生哲理，启迪心灵，点拨人生：世间万物芸芸众生，人间情仇悲欢离合，荣华富贵贫穷贵贱，地位官阶灯红酒绿……都付之一笑；大肚能容常人难容之事，忍得住心中烦恼，耐住岁月寂寞，不争一时之气，方免百日之忧；忍为高，和为贵，纵然世事如棋变幻无常，悠悠万事都不过如此而已。

3.大日如来

在佛教文化中，佛有三身，分别是法身、报身和化身，其中法身最为重要，它是中道之理体。佛以法为身，故称法身，法身处于寂光净土。法身佛陀指的就是大日如来，"如来"即是"佛"的意思，"大日"则有除一切阴暗遍照宇宙万物之意，能

利养世间一切生物。因此在佛教中，大日如来被奉为密宗本尊佛，是密宗的无上存在，大日如来佛像在世人心中更是被无限尊崇。

大日如来是光明、理智的象征，他强大的法力不仅能驱退一切邪恶，还能够以智慧之光遍照万物，让人萌生智慧之心，获得不可思议的成就。在我国的生肖文化中，大日如来是属猴人和属羊人的本命佛。

4.千手观音

佛教典籍记载，千手观音菩萨的千手表示遍护众生，千眼则表示遍观世间。唐代以后，千手观音像在中国许多寺院中渐渐作为主像被供奉。千手观音的形象，常以四十二手象征千手，每一

手中各有一眼。佛教认为，众生的苦难和烦恼多种多样，众生的需求和愿望不尽相同，因此，应用无边法力和智慧去度济众生。

千手观音是大慈悲的象征，其佛像所代表的寓意是人类心灵的一种慰藉与寄托："千"为无量及圆满之义，以"千手"表示大慈悲的

宽广无边，以"千眼"代表智慧的圆满无碍。佛学认为，若虔诚佩戴或供奉千手观音佛像，在运气旺时，能加大辉煌度，当运气低落时，能消障碍，化灾难，顺利渡过难关。在我国的生肖文化中，千手观音是属鼠人的本命佛。

5.虚空藏菩萨

虚空藏菩萨因尊尚智慧、功德、财富如虚空一样广阔无边，并能满足世间一切如法持戒者的善求善愿，使众生获得无穷利益，故有此虚空藏圣名。《大方等大集经》指出：虚空藏菩萨是佛界的财神，佩戴它能让人避开破财、败财等灾祸，使财路畅通无阻，能让人生财聚财，得八方贵人相助。在我国的生肖文化中，虚空藏菩萨是属牛人和属虎人的本命佛。

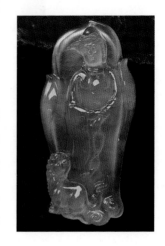

6.文殊菩萨

文殊菩萨又称法王子，为智慧之象征，他右手持金刚宝剑，能斩群魔，断一切烦恼，左手持青莲花，花上有金刚般若经卷宝，象征具有无上智慧，其坐骑为狮子，表示智慧、威猛无比、所向披靡、无坚不摧、战无不胜。其形象或以莲花为台座，代表清净无染；或驾乘金色孔雀，比喻飞扬自在。文殊菩萨是大智慧的象征，人们认为他能开发智慧，提高悟性，能助学业有成、福禄双增、增财增福。在我国的生肖文化中，文殊菩萨是属兔人的本命佛。

　　7.普贤菩萨

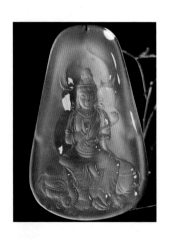

　　普贤菩萨，梵名为"三曼多跋陀罗"，即普遍贤善的意思。普贤菩萨是礼德和大行愿的象征，象征真理。他以智导行，以行证智，解行并进，完成求佛者的志愿，又称"大行普贤菩萨"。相传，四川峨眉山是普贤菩萨的说法道场。普贤菩萨像大多头戴宝冠，身穿菩萨装，坐于六牙白象上。据说普贤菩萨有延命益寿之德。在我国的生肖文化中，普贤菩萨是属龙人和属蛇人的本命佛。

8.大势至菩萨

根据《观无量寿经》记载：大势至菩萨以独特的智慧之光遍照世间众生，使众生能解脱血光刀兵之灾，得无上之力量，威势自在，因此，大势至菩萨被认为是光明智慧的象征。在我国的生肖文化中，大势至菩萨是属马人的本命佛。

9.不动尊菩萨

不动尊菩萨，教界称为"不动明王"，亦谓之不动使者。"不动"，指慈悲心坚固，无可撼动，"明"者，乃智慧之光明，"王"者，驾驭一切现象者。在我国的生肖文化中，不动尊菩萨是属鸡人的本命佛。

10.阿弥陀佛

阿弥陀佛，又名无量佛、无量光佛，是西方极乐世界的教主。据《大乘佛经》载，阿弥陀佛在过去历劫时曾立大愿，建立西方

净土，广度无边众生，成就无量庄严功德，为大乘佛教所广为崇敬和弘扬。在"南无阿弥陀佛"六字中，"南无"的意思是皈依、接受；"阿"代表无量光，就是无限的健康；"弥"代表无量觉，就是无限的智慧；"陀"代表无量寿，就是无限的寿命；"佛"就是以上这几种美好愿景的统一。所以，南无阿弥陀佛就是我愿意接受无量健康，我愿意接受无量智慧，我愿意接受无量长寿的意思。佛门常讲"万法由心生"，人的一切言语行为，都是从我们的念头生起的，没有善的念头，就不会有善的行为；没有恶的念头，就不会有恶的行为。在我国的生肖文化中，阿弥陀佛是属狗人和属猪人的本命佛。

11.地藏菩萨

地藏菩萨，或称地藏王菩萨，因其"安忍不动如大地，静虑深密如秘藏"，故名地藏。以其"久远劫来屡发弘愿"，故被尊称为大愿地藏王菩萨。佛教里常说的"地狱未空，誓不成佛"，"我不入地狱，谁入地狱"，"众生度尽，方证菩提"，就是地藏菩萨大愿的精神写照。"地"是指大地，大地是一切万物所赖以生存的，任何一物离开大地都不能生存，所以"地"有能持、能育、能载、能生的意思。"藏"就是宝藏，财宝能救济人的贫苦，圆满人的事业。《地藏经》是佛门孝经，而地藏菩萨更是"孝"的代名词。地藏王菩萨的大威德、大神通，以及种种利益众生的事情，百千万劫也不能说尽。

12.关公

关公即关羽，以忠贞、守义、勇猛和武艺高强著称。在中国的佛教中，关公为伽蓝菩萨。"千万雄兵莫敢当，单刀匹马斩颜良；只因云长武艺强，致使猛将束手亡。"位列三国时期五虎上将之首的关云长曾助君主阵斩颜良、镇守荆州。其精神中的"忠义仁勇、大公无私、乾坤正气"，被千秋百代世所敬仰。威风凛凛的形象中蕴含着宽厚仁慈，集忠、义、信、智、仁、勇于一身。

13.达摩

达摩是我国禅宗始祖。达摩为佛门中人，其六根清净，心如明镜，早已看破红尘，没有贪念和欲望，象征了却烦恼、顺心如意、生活娴静。达摩的形象一般是一位长者，有浓密长白的胡须，行端坐正，体格伟岸，故寓意健康长寿，福如东海，寿比南山。

14.八仙

八仙是中国民间传说中广为流传的道教八位神仙。在民间传说中，八仙过海，各显神通。八仙分别代表着男、女、老、少、富、贵、贫、贱，由于八仙均为凡人得道，所以个性与百姓较为接近，为道教中相当重要的神仙代表。

15.罗汉

罗汉一般有18位。佛说：人是未醒的佛，佛是已醒的人。佛陀得道弟子修行最高的证明，谓之"罗汉"。罗汉最早是从印度

传入中国的。罗汉者皆身心六
根清净，无明烦恼已断。佛法
中提倡众生平等，人人皆可成
佛，只要放下执念，就有成佛
的机会。

16.寿星

寿星又称为南极仙翁，
是我国神话中长寿、掌管天
下人寿命的神。国人认为长寿、富贵、康宁、好德、善终这五福
中"寿为先"，长寿为第一福。人如果没有寿，何来福气？寿星
的形象常常有隆起的额部、触
肩的双耳、浓密的白须，其眉
宇间散发着慈善，手杵龙头拐
杖，杖上悬挂葫芦。为了凸显
其长寿的象征，身旁有时还会
衬托一些蝙蝠、鹿、仙童、
松、灵芝等，以求"福寿高
照"的鸿运。寿星在华人心目
中，是一位循循善诱、笑容可
掬的长者，是吉祥喜庆的象征。

17.刘海

民间各种吉祥图案中常有刘海戏金蟾的形象。民间传说只要

刘海戏金蟾，金蟾就吐金钱。他走到哪里，就把钱撒在哪里。这一传说把刘海抬上了财神的宝座，其形象有求财祈福、财源广进、大富大贵的寓意。手持钱串戏耍金蟾的刘海总是笑逐颜开地追逐着，就像纯真的孩童在玩耍。这种喜庆、愉快的氛围，寄托了人们对这种平和喜庆生活的向往和美好祝愿。

18.童子

雕刻的小孩子大都袒胸露腹，笑容真切，无拘无束，形神兼备，举手投足间总会给人们无限的遐想。童子题材的雕刻大方简

约，寓意丰富，体现了孩童天真烂漫、无拘无束的生活。像童子戏鲤鱼的图案，寓意年年有余，生活一年比一年富裕；童子骑龙寓意高官得中，飞黄腾达，一飞冲天，早日出人头地；童子戏金蟾，金蟾本就非财地不居，加上童子招财，也就寓意着生意兴隆。

19.渔翁

雕件中的渔翁是传说中捕鱼的神仙,每一网皆大丰收。"鹬蚌相争"也是渔翁题材中常常表现的故事。这是战国时谋士苏代游说赵惠王时所讲的一则寓言故事。当时赵王想要攻打燕国,苏代说赵国和燕国争战不休,不过是"鹬蚌相争"而已,必定让秦国得"渔翁之利"。比喻双方相持不下,第三者得利。这个故事寓意生意兴旺、连连得利。

20.扫地僧

扫地僧是金庸武侠小说《天龙八部》中的人物,是一位在少林寺负责打扫藏经阁的无名老僧人,其武功深不可测,并具有大智慧。雕件中常常有一棵青松,一介老僧,

一座禅院。或许只有经历过大起大落的人才能大彻大悟，才能做到一笑泯恩仇，才能和人生和解，和自己和解。"扫地僧"现在已成为具有极高技艺却深藏不露的人的代名词。

21.麻姑

麻姑是古代神话故事中的仙女，葛洪《神仙传》说她是建昌人，在牟州东南姑余山修道。东汉桓帝时，她应王方平之召，降于蔡经家，年十八九，能掷米成珠。麻姑献寿的艺术形象，代表着中国人对仁厚的长者和尊贵的客人最诚挚美好的祝福，是历久不衰的创作题材。过去民间为妇女祝寿时就常常绘出或绣出麻姑献寿的图画相赠。

22.钟馗

春节时钟馗是门神，传说能打鬼驱邪，端午时钟馗是斩五毒的天师。钟馗是中国传统道教诸神中唯一的万应之神，要福得福，要财得财，有求必应。古书上记载：钟馗生得豹头环眼，铁面虬鬓，相貌奇异，是个才华横溢、满腹经纶的人物，平素正气浩然，刚直不阿，待人正直，肝胆相照。在日本，许多村子有钟馗神社，跳钟馗傩舞，挂钟馗旗幡，会制作钟馗稻草人偶，许多瓦房上还会安置钟馗瓦，家中小孩房中会置钟馗画像，神乐社也会扮演钟馗。

二、瑞兽

1.龙

龙被视为瑞灵之首，在我国的神话故事中，龙往往出海入云，腾云驾雾，有升腾之势。所以人们认为人间的帝王是天上的真龙下凡所化，故帝王皆被称为真龙天子，因此龙的寓意和尊贵、权势、地位相关。天安门前石华表的云龙、山东曲阜孔子庙的盘云龙石柱、故宫龙床等都是历史上皇权的标志。龙的各部位都有特定的寓意：突起的前额表示聪明智慧，鹿角表示社稷和长寿，牛耳寓意名列魁首，虎眼表现威严，鹰爪表现勇猛，剑眉象征英武，狮鼻象征宝贵，金鱼尾象征灵活等。

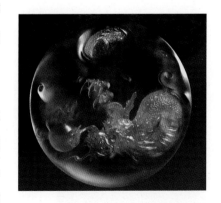

2.赑屃

赑屃又名龟趺、霸下，传说是龙之九子之一，其貌似龟而好负重，有齿，力大可驮负三山五岳，多为石碑、石柱之底台及墙头装饰。在我国上古时代的传说中，霸下能背起三山五岳。霸下后被夏禹收服，为夏禹治水立下汗马功劳。治水成功后，夏禹就把它的功绩刻在石碑上，让它自己背起，故中国的石碑多由它背

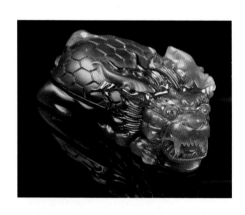

着。霸下和龟的外形十分相似，但细看却有差异，霸下有一排牙齿，而龟却没有，霸下和龟的背甲甲片的数目和形状也有差异。霸下又称龙龟，是长寿和吉祥的象征。

3.螭吻

螭吻的形象由鸱尾、鸱吻演变而来，传说螭吻是龙之九子之一。唐代以前的鸱尾加上龙头和龙尾后，逐渐演变为明代以后的螭吻形象，经常被安排在宫殿建筑的屋脊上作为装饰。在古代宫殿建筑中，五脊六兽只有官家才能拥有。这个

装饰现在一直沿用下来，泥土烧制的小螭吻，被请到皇宫、庙宇和达官贵族的屋顶上，做张口吞脊状，并有一剑以固定之。它俯视人间，有"平步青云"和"一人得道，鸡犬升天"的寓意。

4.狴犴

有书记载说，狴犴身形似虎，又似狮子，比如，清胡式钰就在《窦存》中记载："一狴犴，此兽好讼，今狱门上狮子是也。"狴犴看起来威风凛凛，给人以明辨是非、秉公而断的印象，在邪恶面前，它用自己的威严和律法来压倒对方。它在民间的威望相当高，通常，人们遇到官司纠纷需要上衙门之前，都会拜一拜狴犴以求案件能够被公平合理地解决。

古时候，经常将狴犴的头型画像饰于牢房狱门上，寓意做坏事的人会有牢狱之灾，以震慑罪犯，也警示大家要做个明辨是非的好人。所以，它又是黎民百姓的守护神。

5.饕餮

饕餮是中国古代传说中的凶兽，它最大特点就是能吃。这种

怪兽没有身体，只有一个大头和一个大嘴，十分贪吃，最后把自己都给吃掉了。它是贪欲的象征，常用来形容贪食或贪婪的人。饕餮在饮食器具中大量出现，先民想通过使用这样的饮食器具，让就餐者节约粮食。

6.趴蝮

趴蝮又名帆蚣，常饰于石桥栏杆顶端。传说它爱水，擅水性，喜欢吃水妖，长年累月在河水中玩耍。据说它是龙最喜欢的儿子。根据神话记载，几千年前趴蝮的祖先因为触犯天条而被贬

下凡，被压在巨大沉重的龟壳下看守运河。千年后它终于重获自由并脱离了龟壳，人们为了表彰趴蝮护河之功，按照它的模样雕成石像放在河边的石礅上，以镇住河水，防止洪水侵袭。

7.淑图

淑图是传说中龙之九子之一，形状像螺蚌，性好闭，最反感别人进入它的巢穴。因而人们常将其形象雕在大门的铺首上，或刻画在门板上，以免小鬼光顾。螺蚌遇到外物侵犯，总是将壳口紧

合。人们将其用于门上，取其可以紧闭之意，以求安全。

8.貔貅

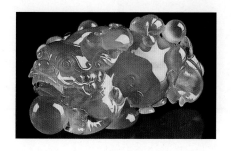

历史资料、文学作品中，都将作战勇敢的军队比喻成貔貅。貔貅可以说是古代军队的代名词。军队杀气重，魑魅魍魉不能靠近，貔貅又能当百万雄师，所以慢慢开始承担起"镇宅"的作用。因貔貅专食猛兽邪灵，故又称"辟邪"。貔貅曾为古代两个氏族的图腾，传说它因帮助炎、黄二帝作战有功，被封为"天禄兽"，即天赐福禄之意。貔貅有二十六种造型，四十九个化身，其口大，腹大，象征揽八方之财；它的主食是金银财宝，自然浑身宝气，它专为帝王守护财宝，也是皇室象征，称为"帝宝"。中国古代风水学认为貔貅是转祸为祥的吉瑞之兽。古人认为，命是注定的，但运程可以改变，故民间有"一摸貔貅运程旺盛，再摸貔貅财运滚滚，三摸貔貅平步青云"的美好愿望。

9.麒麟

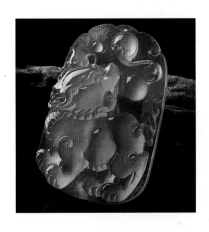

麒麟是古代的仁兽，公兽为麒，母兽为麟，乃吉祥之宝。其形象集龙头、鹿角、狮眼、虎背、熊腰、蛇鳞、马蹄、猪尾于一身，从古到今都是公堂上的装饰，以振官威，也是权贵的象征。据民间传说和有关史料的记载，麒麟是仁慈之兽，它惩奸除恶保护好人，好人供奉保护之，恶人供奉反被惩处。

10.螭龙

螭龙是中国古代神话传说中龙的一种，相传是龙与虎的后代，头部形似虎首，所以也叫"螭虎"。春秋战国时期的螭龙纹体型纤长，眼睛多是圆形或橄榄型，圆脸细眉，四肢关节处饰以卷云纹，背脊上有或单或双的脊线，尾巴长而弯曲。汉代许慎的《说文解字》中说："螭，若龙而黄，北方谓之地蝼。从虫，离声。或云：无角曰螭。"故而人们将没有角但与龙相似的神兽叫作螭。

螭龙纹是一种典型的古代传统装饰纹样，常用于青铜器、玉器、画像砖、铜镜、房屋门窗、家具、瓷器、服饰上。到了汉代，螭龙纹更是盛行一时。玉器之上雕刻螭龙纹，若隐若现，柔中带刚，俯瞰万物，千姿

百态，结合玉的温润特性，表现出一种威严、刚劲之感，具有十分美好的寓意。

11.凤凰

凤凰在经历烈火的煎熬和痛苦的考验中升华，其羽更丰、其音更清，这便是"凤凰涅槃"，以此寓意不畏艰辛、坚韧不拔、义无反顾、勇于追求、提升自我的执着精神。在先秦时期，凤凰的图案出现在象征权力的玉器和青铜器上，后来逐步成为皇家御用的纹饰，出现在各种皇宫建筑、器皿、服装上。雄为凤雌为凰，后来人们渐渐把"凤""凰"一起称呼，表达了爱情、和谐、团结等美好寓意。凤凰是人们心目中的瑞鸟，古

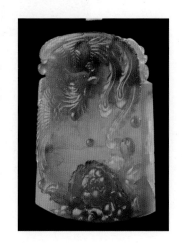

人认为，太平盛世，便有凤凰飞来，故凤凰是天下太平的象征。"凤"的甲骨文和"风"的甲骨文相同，代表凤具有风无所不在的特性；凰同"皇"字，有至高至大之意。

三、动物

1.蝎子

蝎子的全身长有坚硬的甲壳，尾部有能向前弯曲的毒刺，内藏毒腺。人们取"毒"的谐音"独"，再取一"甲"字，合起来就有"独甲一方"的寓意。蝎子又谐音"携子"，寓意贵子降临、多子多孙、子孙万代。蝎子为民间传说的"五毒"中的一毒，古人认为毒能克毒，所以蝎子配饰能与邪相克，以毒攻毒，百毒不侵，寓意避邪免灾。蝎子与元宝在一起，元宝代表财富，与蝎子的"甲"相结合，就有了富甲一方、富甲天下的寓意。古人好佩玉，以彰显君子有德，所谓"谦谦君子，温润如玉"是也，而皓月代表心灵纯净、不含杂念，因此，刻有蝎子与皓月的翡翠饰品，含有"君子慎独"的寓意。

2.鹰

鹰是一种猛禽，外貌刚健强悍，力量威猛，有顽强精神，泰山压顶不弯腰、惊涛骇浪不低头、不屈不挠的拼劲，锲而不舍的韧劲，不达目的誓不罢休的恒劲，有精卫填海的勇气、愚公移山的志向、万难不屈的毅力、脱胎换骨的决心。人们把它视作英雄、无畏、坚毅和勇敢的象征，代表了对前途和事业的高瞻远瞩，有鹏程万里、搏击长空的寓意。鹰身姿非常威猛雄壮，双翅展开可翱翔于天空，寓意着大展宏图、英明神武。

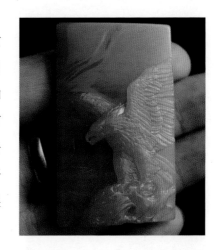

3.蛤蟆

"凤凰非梧桐不栖，金蟾非财地不居"，传说它能口吐金钱，是旺财之物。古代有刘海修道，用计收服金蟾以成仙的传说，后来民间便有"刘海戏金蟾，步步钓金钱"的说法。从考古发掘出来的上古器皿中，能够见到众多蛙纹饰，这应该是古人对

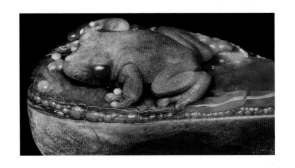

生育的信仰崇拜，因为蟾蜍属于蛙类，一产多子，寄托人们多子多福的美好愿望。三脚金蟾所居之地，都是聚财之宝地，人们在宅内摆放金蟾，表达吸财、吐财、聚财、镇财的愿望，是经商之人最好的吉祥物。

4.青蛙

"稻花香里说丰年，听取蛙声一片"。青蛙是益虫，它除害虫，保护庄稼，让庄稼得以丰收，所以玉雕青蛙有丰收的寓意。

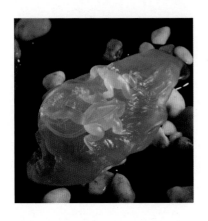

古人对蛙有一种图腾崇拜，认为蛙一次产子非常多，所以用玉雕蛙，表达了多子多孙、繁衍子嗣的愿望。青蛙"呱呱"叫，叫声响亮，四面八方都能听到，有四通八达的寓意。蛙鸣富贵，玉雕青蛙还有呱呱来财、财源广进的寓意。

5.鱼

"鱼"与"余"读音相同，人们希望生活优裕，财富有余，富足长安，留有余粮，因此玉雕鱼有"年年有余"的寓意。古时候，人们常在过年时吃鱼，在窗户上贴上鱼形的窗花，都是因为鱼有此吉祥美好的寓意。古代文人经常以鱼和鸿雁为信使来传递文书，并将信札称为鱼书、鲤素、鸿书等，这就是"鱼雁传情"一词的来历，国人还以"情同比目"来形容夫妻之间深厚的感情。鱼产的卵多，繁殖能力强，所以玉雕鱼表达人们人丁旺盛、子孙满堂的幸福期盼。在形容一个人生活、事业顺利的时候，会说这个人活得"如鱼得水"，因此鱼还寓意着生活和谐、顺利，没有烦恼和忧愁。

6.蝙蝠

蝙蝠中的"蝠"字与"福"谐音，寓意着佩戴翡翠蝙蝠之人会增添福气。蝙蝠又与"遍福"谐音，所以多只蝙蝠出现有福气、幸福绵延不绝之意。古人认为蝙蝠是祥瑞的代表，晋代的葛

洪在《抱朴子》中写道："千岁蝙蝠，色如白雪……此物得而阴干末服之，令人寿四万岁。"唐代诗人白居易在《山中无绝句》中描述蝙蝠："千年鼠化白蝙蝠，黑洞深藏避网罗。"民间也称蝙蝠为"神鼠"，可见当时的人对蝙蝠的崇敬皆来自其长寿的生命。

7.喜鹊

喜鹊名字里带着"喜"字，又叫"报喜鸟"，被人们视为特别吉祥、喜庆的鸟，深受人们的欢迎。关于喜鹊有着唯美的传说，即"鹊桥相会"。因为这个传说，银河也被称为"鹊河"，而中国的"情人节"，也被定在了农历七月初七。在《禽经》中，有喜鹊报春的记载，人们认为喜鹊出现是祥瑞之兆。喜鹊象征着爱情，象征着会有美好的喜事到来。古人认为，喜鹊一年到头，不管是鸣还是唱，不管是喜还是悲，不管是在地上还是在枝头，不管是年幼还是衰朽，不管是临死还是新生，发出的声音始终都是一个调、一种音。而儒家眼中的圣贤、君子，就是要表现

得像喜鹊那样恒常、稳定、明确、坚毅、始终如一。喜鹊的叫声也有着美好的寓意，喜鹊的叫声为"喳喳喳喳，喳喳喳喳"，人们将其解读为"喜事到家，喜事到家"。喜鹊被雕刻师雕刻

成不同形式的图案，为人们带来美的享受与吉祥福瑞的祝愿。如"鹊登高枝"的图案，寓示一个人节节向上、出人头地。

8.知了

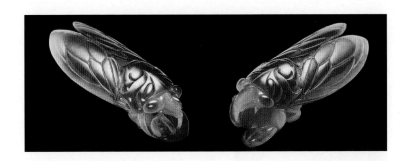

知了就是蝉，在中国古代象征复活和永生，这个象征意义来自它的生命周期：它最初是幼虫，后来成为地上的蝉蛹，最后变成飞虫。夏季的时候经常听到蝉在树上鸣叫，叫声清脆响亮，响彻四方。蝉有五德：头上有冠带，是文；含气饮露，是清；不食黍稷，是廉；处不巢居，是俭；应时守节而鸣，是信。古人认为蝉远离地面，独孤而清傲，不食人间烟火，只饮露水，是高洁的象征。

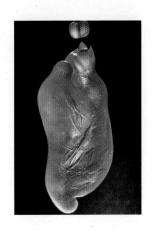

9.虾

虾，生于水中，穿梭自由，且能屈能伸，寓意生活事业游刃有余。虾对同族之物从不侵袭与伤害，和谐相处，身躯小而玉洁透明，表达了人们淡泊名利、品格高尚、胸怀纯洁坦诚、洁身自好的人生寄托。虾的身躯弯弯的，却顺畅自如，一节一节如竹节般，象征遇事圆满顺畅、节节高升、官运亨通。

10.鹤

仙鹤在古代是"一鸟之下,万鸟之上"，仅次于凤凰的"一品

鸟"，鹤仙风道骨，为羽族之长，明清一品官吏的官服上的图案就是"仙鹤"。据《雀豹古今注》记载："鹤千年则变成苍，又两千岁则变黑，所谓玄鹤也。"可见在古人眼中，鹤是多么长寿。鹤雌雄相随，步行规矩，情笃而不淫，具有美好的德性。古人多用有君子之风的白鹤，比喻具有高尚品德的贤能之士，把洁身修行的人称为"鹤鸣之士"。

11.大象

大象体形硕大而强健，是力量与富足的象征，有富足、安稳、有靠山的意思。大象鼻子吸水的特性，从风水的角度来看，有招财的意思。大象与佛教文化有着很深的渊源，佛经中记载：

"普贤之学得于行，行之谨审静重莫若象，故好象。"意思是白象象征了普贤菩萨行愿广大、功德圆满之意，这便是为什么普贤菩萨的坐骑为六牙白象的原因。白象的六牙表示"六度"，而白象的四足表示"四如意"。在中国传统文化里，因为"象"与"祥"字谐音，所以，大象被赋予了更多吉祥的寓意，并据此出现了很多吉祥语，如太平有象、吉祥如意、万象更新等。

12.甲虫

甲，在中国传统的天干地支中排行第一，故常表示"第一"。由此延伸出来，"甲"就有"富甲天下""上等""甲等"等寓意。此外，甲还有"黄金甲"的意思，有护身避险的含义。

13.狮子

狮子是百兽之王，其威武、健壮的体态令人敬畏；狮子的吼声能够震撼天地，具有无比的威力。佛教中将佛陀讲法比喻为

"狮子吼"，表示佛法无坚不摧，震慑人心，能降服一切邪魔外道，足以使外道归化、恶魔畏惧。因此人们视狮子为驱邪之灵。《坤舆图》说："狮性最傲，遇者亟俯伏，虽饿亦不噬……又最有情，受人德必报。"所以古人赞赏狮子勇而好仁，猛而能驯，似君子之德，故历代均视之为祥瑞，乃制其形，传其神，示其心，表其德。古人常雕刻其形于门户两侧，既示威猛，又表仁德。

14.螃蟹

蟹有二螯，且粗壮有力，一旦钳住东西就不会轻易放开，寓意守住钱财。蟹壳异常坚硬，又有富甲一方的寓意。蟹有八只脚，古时又称蟹为八足虫，八只脚的主要功能是抓，所以人们又

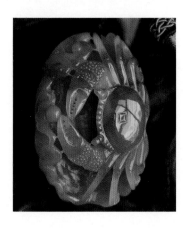

赋予蟹八方来财或八方来才的寓意。螃蟹横着行走，霸气十足，所以玉雕螃蟹寓意纵横四海、横行天下、横财就手。蟹有"解元"的寓意，解元就是在科举制度中乡试的第一名。蟹身呈椭圆形，有王者之风，又有金榜题名、才华横溢之寓意。

15.蜘蛛

蜘蛛在风水中代表着财运，
俗话说："蜘蛛吊，财神到。"
蜘蛛又被称为"喜子"，代表着
喜庆和财富，也是一种报喜的动
物。古人从蜘蛛身上学到了很
多，看到蜘蛛结网就学到了织网
捕鱼。蜘蛛的八个爪子，象征着
"抓钱手"，人们以此比喻聚财

的高手。在古代蜘蛛一直是吉祥的动物，是给人们带来好运的象
征。蜘蛛的谐音为"知足"，有着知足常乐的寓意。蜘蛛为了捕
食而不停地织网，表示它们为了目标会不停地奋斗努力，人们以
其勤奋喻示要想得到回报，就要努力耕耘。

16.蜥蜴

蜥蜴在生活当中有着许多的寓意和象征意义。因其小龙的形
态，蜥蜴被人们叫作"土龙"。而龙是中华民族的图腾，在人们

心目中有着十分崇高的地位，是权力和高贵的象征，所以蜥蜴在古代常常被王公贵族所喜爱。蜥蜴谐音"吸亿"，寓示吸纳万贯财富。蜥蜴的繁殖能力非常强大，且生命力特别顽强，不论是在湿地还是沙漠地带都能生存。人们从中领悟到，只要生命还在，新生事物就不会终止，从而赋予其生生不息的寓意。"蜥"与"昔"字谐音，寓意今非昔比。蜥蜴除了在土地上行走外，大多数时间是在高处攀爬，走向更高的地方，人们以此寓意步步高升、扶摇直上。"蜥"与"曦"字谐音，寓意曙光。

17.老鼠

鼠能够飞檐走壁，奔跑如飞，虽然不是水生动物，却有游泳的本领。民间还认为鼠性通灵，能预知吉凶灾祸，对自然界将要发生的灾难比如地震、水灾、旱灾等能做出一定的反应。古时候有过多次天灾，老鼠都会有所反应，久而久之，老鼠在人们心目中成了通灵的神物。鼠的繁殖能力很强，成活率很高，民间会

将子女多的母亲戏称为"鼠胎"或"鼠肚"。老鼠天性爱吃，有囤积食物的习惯，也正是这样的特点，人们将老鼠视为招财的动物。人们常用"比老鼠还精"来形容人的精明机灵，而"鼠"与"书"同音，所以也有学业有成、头脑清醒、思维活跃的寓意。

18.牛

古人认为牛拥有"五行"中土属性和水属性的神力，是大获丰收、五谷丰登、风调雨顺、国泰民安的象征。我国长期以来都是自给自足的农耕文明，而农耕文明的标志性劳动力之一就是耕牛。牛在中国文化中是勤劳的象征。牛的力气巨大，清代曹寅有"丹黄横扫八十一，万夫谁敌此牛力"的诗句形容牛的力大无比，人们将其用于农耕、交通甚至军事中。牛吃进去的是草，挤出来的却是奶，工作时任劳任怨，收获时也从不要求主人给予更多的赏赐。因此牛一直是勤勤恳恳的象征。人们还用"孺子牛"来比喻心甘情愿为人民大众服务、无私奉献的人。

"牛""扭"谐音，人们以其寓示扭转局面、扭转乾坤。牛还有牛运兴旺、牛气冲天寓意，人们常以牛的形象寄托事业红红火火的愿望。

19.兔子

兔子聪明，善于保护自己，因此中国有句成语叫"狡兔三

窟"。兔子在民间故事中经常扮演机智的角色，它靠灵敏的听觉和视觉来探测周围的动静，如果有危险，便以迅雷不及掩耳的速度跑开，因此，有"静如处子，动若脱兔"的说法。兔子有很强的繁殖能力，是生育能力的象征，也与再生、春天联系在一起。

20.狗

狗不仅身手敏捷，头脑也很清醒，看家守夜只要有风吹草动就能察觉到，寓意做事谨慎、思维敏捷。常言道"狗通人言，尽知人心"，古人认为狗是具有灵性的动物，和人最亲近。狗有时成为家庭中难以取代的一分子，是和人们生活息息相关的家畜。

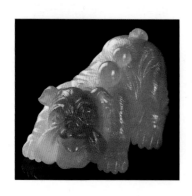

而忠义之士，也常自谦"甘效犬马之劳"，狗很忠诚，其秉性被升华为一种忠义精神。古人也把狗作为吉祥和财富的象征，如果家里突然来了一只狗，主人会很高兴，因为狗的叫声同"旺旺"，所以也有旺财兴福的寓意，预示着财富即将来临。

21.马

马豪放不羁、矫健灵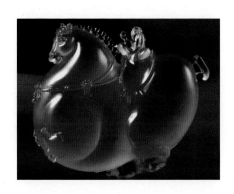敏，能使事情更加顺畅，所以有"马到功成"这样的成语。马形象的饰品，寄寓了希望事业一帆风顺的美好愿望。古人将马驯服，骑在马背上赶路，可以缩短时间，所以马常被人们看作做事的好帮手。马具有忠诚及善良的品行，它负重奔走乃至牺牲也无怨。在中国传统文化中，马是能力、圣贤、人才的象征，人们常用"千里马"来比拟人才。马的精神体现了中华民族所崇尚的奋斗不止、自强不息的进取、向上的民族精神。马勤勤恳恳，奋力向前，象征着人以稳健的步伐迈向成功，创造事业上的辉煌成就。

22.蛇

古代中国人认为毒能克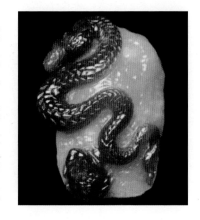毒，戴上雕刻有剧毒之物的玉饰，可防止各种毒物侵入，有避邪、保平安的寓意。人们还把蛇雅称为"小龙"，以示尊崇。古埃及人认为蛇是君主的保护神，法老用黄金和宝石塑

造了眼镜蛇的形象，并将其装饰在皇冠上，作为皇权的徽记。公元前的欧洲国家把两条蛇的形象雕刻在拐杖上，代表使节权，将其作为国际交往中使节专用的权杖，由此蛇又成为国家和权威的象征。我国古代神话中的女娲是人首蛇身之状，由此为蛇赋予了灵气。中国传统文化中，蛇一直是长寿的象征，人们由此赋予蛇万寿无疆、长命百岁、身体健康的寓意。蛇的繁殖能力特别强，其姿态既有着男性的阳刚，也有着女性的柔美，寓意阴阳互济、生生不息、子孙满堂。

23.猪

家在我们每个人心中的地位是最重要的。"家"里面的"豕"就是猪。"家"字最早来源于甲骨文，是个象形字。在当时，房子是用来祭神灵、祭先祖或者开家族会议时才能使用的，野猪是重要的祭品。"家"字就是表示屋檐下面有猪才成为家，由此可见，猪在我们的先祖心中有非常重要的地位。被驯养的猪看起来憨厚老实，性情温和，完全无害，但野猪具有攻击性，难

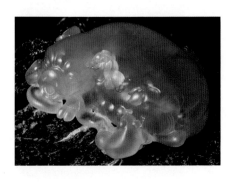

以捕捉，而且猪的智商着实不低，象征不畏挫折、勇往直前的精神。猪是家畜中长得最快的，又非常好生养，它一胎能够孕育很多小猪仔，象征着子嗣绵延，血脉相传。再加上

猪的体型肥大，是有福气的象征，因此猪有多子多福、福气满满
的寓意。

24.羊

羊，儒雅温和，温柔多情，自古便是中国先民朝夕相处之
伙伴，深受人们喜爱。甲骨文中的"美"字，即呈头顶大角之
羊形，是美好的象征。在中国民俗中，"吉祥"多被写作"吉
羊"。"三阳开泰"是一句吉祥语，表示大地回春，万象更新，
也是对兴旺发达、诸事顺遂的称颂。合群，是羊的一个重要特
性。《诗经》有"谁谓尔无羊，三百维群。"《说文》徐铉注：
"羊性好群。"群羊需要一只最
有责任心的头羊带领，所以有领
头羊的称呼。羔羊似乎懂得母亲
的艰辛与不易，所以吃奶时是跪
着的，羊由此被人们赋予了"至
孝"和"知礼"的寓意。《春秋
繁露》云："羔食于其母，必跪
而受之，类知礼者。"

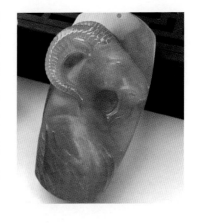

25.虎

老虎体型雄健，生性凶猛，虎啸震天，是勇猛、威武的象
征。其额头上的汉字"王"的花纹，更是"王者"的象征，人们
尊之为"山君""镇山之神""兽中之王"。民间认为虎能驱除

五毒、保佑康宁，用于首饰挂件、儿童饰品中，是希望百病不生、活泼健康，跟小老虎一样健壮、生龙活虎，又寓意吉祥、威武、勇健。民间认为老虎是一种非常吉祥的瑞兽，一方面是因为虎与"福""富"谐音而具有福运临门、富贵盈门的寓意；另一方面是因为人们认为虎可兴财运、聚财气，可纳百财而不损。

26.鸡

鸡守夜报晓，对古人来说，意义太大了。不管酷暑寒冬，还是阴晴雨雪，鸡都守信报晓，决不偷懒。可以说，鸡在黎明时的打鸣报晓，开启了人间一天新的烟火和生机。鸡由此象征守信、

准时。公鸡报晓，意味着天将明，象征着光明即将到来。清代思想家魏源有诗云："少闻鸡声眠，老听鸡声起。千古万代人，消磨数声里。"从《诗经》中的"风雨如晦，鸡鸣不已""鸡既鸣矣，朝既盈矣"，再到毛泽东的"雄鸡一唱天下白"，关于

鸡鸣的咏叹绵延不绝。雄鸡有着硕大红艳的鸡冠，红色在我国是喜庆的颜色，加上"冠"与"官"谐音，也就有着腾达的寓意，象征事业红红火火、节节高升、官场得意、官运亨通。"鸡"同"吉"谐音，代表着吉祥如意，寓意着平平安安、驱除厄运、大吉大利。

27.猴

猴子是最接近人类智慧的灵长类动物，它聪明、多动，受到人们的喜爱。由于"猴"与"侯"谐音，在许多图案、造型中，猴的形象有封侯的寓意。人们常将猿猴连称，古人将其视为长寿的象征。《抱朴子》一书中就有"猴寿八百岁"的说法，伴随长寿的自然是安详平和、生活幸福。猴与桃雕刻在一起，有"好彩头"的意思。

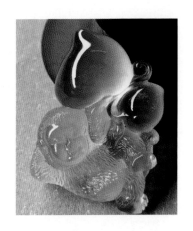

28.乌龟

乌龟是现存最古老的爬行动物，它身上长有坚硬的甲壳，在受到外界的攻击时，它把头、尾和四肢缩回龟壳内，这样即便再凶猛的敌人也拿它无可奈何，终能渡过难关。"千年王八万年龟"，乌龟寿命很长，是动物界的长寿冠军，由此，在中国传统

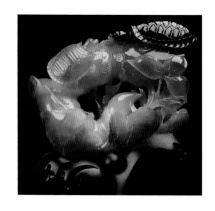

文化中，龟是健康长寿、无病无灾的象征。龟背的纹理丰富，古人一直相信，龟甲藏着天地的秘密，龟也由此成为一种神秘而蕴藏着丰富文化内涵的动物，有辟邪保平安的寓意。龟坚硬的外壳，努力承载着外界的侵袭，如我们为之奋斗的小家，因此有安居乐业的喻意。

29.獾

獾，是一种不常见的动物，于人迹罕至的地方挖洞而居，昼伏夜行。它出没成双入对，且彼此间总是亲亲昵昵。据说，当

一只獾无故走散或是意外死亡，其相伴的另一只獾会终生等待，决不移情别恋。因此在古人看来，獾是动物界中最忠实于爱情的生灵。且"獾""欢"同音，所以獾有男欢女爱、爱情忠贞的寓意。

30.蝴蝶

蝴蝶以其身美、形美、色美被人们欣赏，被称为虫国的佳丽，历代咏诵。"梁祝化蝶"的爱情故事早以深入人心，所以玉

雕中会借一对双宿双飞的蝴蝶
来表达对纯洁爱情的歌颂。蝴
蝶在花间翩翩起舞，自由自
在，无拘无束，象征着一种令
人羡慕的田园生活。破茧成蝶
的过程是痛苦的，只有勇于突
破束缚，在艰苦的环境下茁壮

成长，才会像蝴蝶一样展翅翱翔，由此蝴蝶有了焕然新生、挣脱
束缚、脱胎换骨的寓意。

31.鹿

　　鹿在古代被视为神物。《坤雅》云："鹿乃仙兽，自能乐
性，行则有涎，不复急走。"传说鹿是南极仙翁的坐骑，修炼千
年为苍鹿，二千年为玄鹿，故鹿乃长寿之仙兽。在商代鹿骨被用
作占卜，殷墟还发现刻辞鹿头
骨。作为美的象征，鹿与艺术
有着不解之缘，历代壁画、绘
画、雕塑中都有鹿。鹿，谐音
"禄"，寓意高官厚禄，梅花鹿
更是与"梅花榜"有一定联系，
象征着读书人成名高中。鹿还与
"路"谐音，寓意一路顺风、四
通八达。

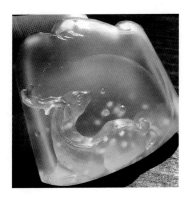

32.鸳鸯

鸳鸯是一种水鸟，它们总是双宿双飞。据说鸳和鸯一旦结合，就会终身不离不弃，如果丧偶，另一方将终生不再追求其他雌鸟，孤独终老。在古人看来，鸳鸯象征着忠贞、永恒的爱情。

故鸳鸯有相亲相爱、白首不相离的寓意，象征着美好和纯真的爱情。将鸳鸯比作夫妻，最早出自唐代诗人卢照邻的《长安古意》，诗中有"愿作鸳鸯不羡仙"的句子。鸳鸯总是形影不离，就像很多刚结婚的新人一样，所以新婚时人们会使用有鸳鸯图案的装饰用品。

四、植物

1.葫芦

葫芦的音与"福禄""护禄"相近，它的外形圆滚有曲线，看起来相当富贵，加上入口小、肚量大的特色，仿佛能够广吸金银珠宝。葫芦又具有易生长、能蔓延、多果实的特点，而这恰恰与希望子孙繁衍的愿望相切合。葫芦外形嘴小肚大，人们认为它可以聚集福气。古时候的豪门贵族，多在家中供养几枚天然葫

芦，以求趋吉避凶。在风水上，
葫芦形似八卦，八卦为天地万物
的符号代表，能化解各类不同的
煞气，葫芦嘴窄身肥，所收煞
气，易入难出，因此有祛病化煞
的寓意。

2.豆子

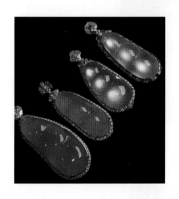

中国传统文化中，扁豆是比较常见的祥瑞之物，颗粒不
同，寓意也不尽相同，但是一样都是吉祥的。人们又称其为"福
豆"，可以谐音为"福寿"，寓意幸福安康、长命百岁，是后辈
对长者的心愿和祈祷。"豆"又与"豆蔻年华"巧妙契合，寓意
风华正茂、朝气蓬勃，是社会对青年男女的希望，是父母对儿女
的期盼。扁豆又叫四季豆，故有四季平安、四季发财的寓意。豆
荚内或二子，或三子、四子，还有多子多福、儿孙满堂，传宗接

代、延续香火，家庭兴旺、阖家幸福的寓意。根据豆粒数量的不同，又有不同的寓意，其中三个圆豆为连中三元，保佑学子连登榜首；两颗圆豆则是母子平安。很多妇女在怀孕期间就佩戴有两颗豆子的福豆玉饰，以保母子平安。

3.辣椒

辣椒通常呈圆锥形或长圆形，稚嫩时呈绿色，成熟后变为红色，无论是青辣椒还是红辣椒，其饱满的外形，富有刺激性的气味会给人一种富有生机之感。通体红色的辣椒象征着生活红红火火。在古代，将结婚称为有"椒房之喜"。辣椒的"椒"与"交"同音，有广交朋友、交好运、成好事的寓意。

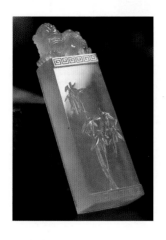

4.竹子

竹子在荒山野岭中默默生长，无论是峰岭还是沟壑，它都以坚韧不拔的毅力顽强生存。竹子外直中空，有虚怀若谷、虚心的寓意。竹子的身躯挺拔，上面有许多竹节，象征着它不屈不挠、宁折不弯的气节。古人说：竹，有节也。高风亮节是竹之本色。竹子用三年的时间扎根深土，只会长十厘米，而在第四年它就能长到三米，三年的积累只为第四年的蓄势待发，节节高升。劈竹子时，劈开上端之后，下面就迎着刀口分开了，形容节节胜利，毫无阻挡。《晋书·杜预传》："兵威已振，譬如破竹，数节之后，皆迎刃而解。"

5.松树

松树质朴、庄重的个性给人以祥和持重、静谧的感觉。寒冬腊月，厚厚的积雪压在松枝上，青松依然挺拔笔直，以不惧风雪的傲然风骨，展现出高风亮节的品质。松树虽然没有花的香气和芬芳婀娜的英姿，仍然让人仰慕。松树的这些特性，与人们推崇的正人君子的高尚品格相通，因此赋予其坚毅、志向高远、淡泊宁静、质朴无华等寓意。

6.梅花

梅花是中国传统的名贵花卉，一直以来深受人们喜爱。它的花色浓淡适中，典雅高洁，寓意着不与世俗同流合污的品质。梅花不仅花

色美丽，而且有很强的生命力，越是寒冷它开得越是美丽，所以梅花寓意着坚强、坚韧不拔的品质。王安石的《梅花》歌咏梅花不畏严寒，独自开放，更是在鼓励人们要敢于拼搏，不畏艰险，不管受到怎样的磨难，都不低头折节，傲然立于人世间。

7.牡丹花

牡丹花作为花中之王，艳丽多姿，高贵大气，是许多文人墨客吟咏的对象。牡丹花开，繁花似锦，灿烂生辉。在大唐盛世，举国上下无不为之倾倒，牡丹花季成了长安的狂欢节。唐代诗人刘禹锡赞誉："唯有牡丹真国色，花开时节动京城。"自唐宋以来，牡丹成为吉祥幸福、繁荣昌盛的象征。1959年，周恩来在洛阳说过："牡丹是我国的国花，它雍容华贵，富丽堂皇，是我们中华民族兴旺发达、美好幸福的象征。"牡丹被称为"富贵花"，却并不娇嫩脆弱，在黄土高原干旱贫瘠的土地上，它仍然能开出绚丽的花朵。

8.人参

人参在我国有几千年的药用保健历史。它的生长周期很长，又长在深山密林，寻找极为不易，人常常进山一年也找不到几支。

千年人参，千条根须，作为雕刻题材，人参象征着尊崇、延年益寿、青春永驻，有长寿的寓意。"人参"谐音"人生"，有人生如意的寓意。

9.白菜

白菜是一种很常见的蔬菜，具有很好的适应性和抗病性，一般茎部是白色的，叶子是绿色的。从它的颜色和外观来看，白绿

相间，清晰分明，寓意两袖清风、做人清白、高风亮节。白菜生长的形状是层层包裹的，有守住财富、大富大贵和风调雨顺的寓意。白菜的谐音是"百财"，寓意招财进宝、八方进财、百来聚财。又谐音"摆财"，是富贵人家彰显财富的象征。

10.兰花

兰，姿态优美，端庄大方，随风摇曳，素淡幽香，光滑直立的叶子，坚实硬朗，艳丽的花色，光彩照人，具有色清、气清、神清、韵清等气质，非常受古今文人的喜爱，被称为"花中君子"。人们将优美的诗文喻为"兰章"，把真挚的友谊喻为"兰交"，把良友喻为"兰客"。孔子以"芝兰生于幽谷，不以无人而不芳；君子修道立德，不为穷困而改节"的精神气质，象征不为贫苦、失意而动摇，仍坚定向上的人格。爱国诗人屈原以"扈江离与辟芷兮，纫秋兰以为佩"，表达自己不随波逐流、不与小人同流合污，世人皆浊我独清的气节。

11.佛手

"果中之仙品，世上之奇卉"，这是人们对佛手这种水果的形容。佛手，也叫九爪木，是一种小乔木，因其果实形状像手，也叫金佛手，具有很高的观赏价值、药用价值。很多人喜欢佛手，源于它动人而不过分浓烈的香气。苏东坡曾写下对联："沁人诗脾，清流环抱；香分佛果，曲径通幽。"香气悠远、形如佛掌的水果佛手，是人们修身养性、供奉神明的上佳之品。人们将佛手视为大慈大悲佛祖的手，有降魔驱邪的作用，能挡住是非，降小人，招良福，祈善缘，带来更多的好运，寓意着平安。人们还将佛手的手解读为勤俭节约之手，寓意手到财来、守财安家。另外手还有掌上明珠、心肝宝贝的寓意。

12.麦穗

五月，小麦新种破土而出，孕育出翠绿的新芽；六月，天日渐和暖，麦穗也逐渐成形；七八月开始，充分沐浴在和煦阳光下的麦穗散发出迷人的芬芳，在夏日的田野中弥漫，也预示着收获的季节行将到来。麦穗成熟的时候，颗粒饱满，谦虚地低下头，不露锋芒，人们以此比喻真正有学问的人都比较谦虚。"穗"与"岁"同音，所以麦穗有平安的寓意。麦穗有时也叫作大麦，与

"大买"同音，在开业的时候赠送，寓意生意红火。古代新人结婚的时候，会在新娘佩戴的头饰上镶嵌百合花与麦穗，象征五谷丰登、百年好合。

13.莲花

《爱莲说》中那句"出淤泥而不染，濯清涟而不妖"，将莲花的高洁之志表现得淋漓尽致。莲花即便身处淤泥也不染污浊，即便涤荡轻波也不显妖媚，纯洁而正直，是君子洁身自好的品格

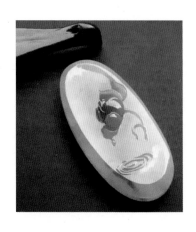

象征。我国古老的神话中，有神仙的地方一定有莲花，佛教中更是将莲花视作圣洁、清净的，能够超脱凡俗而得道开悟的花朵。清莲与"清廉"同音，有"一品清廉"、公正廉洁的寓意，这是旧时老百姓对清官的赞颂之词。莲茎中通外直，因此人们把莲喻

为君子。莲与"连"同音，可以与其他吉祥的事物组合在一起表达出很多吉祥的寓意。

14.莲蓬

莲蓬与莲花的寓意类似，有"出淤泥而不染"的圣洁之意，自古就有观音坐莲的描述，莲座是莲花与莲蓬的结合，莲花清净优雅，而莲蓬则朴质厚重。莲蓬中孕育了莲子，而莲子与"连子"谐音，在莲蓬中有很多莲子，古人多以莲蓬来寓意子孙满堂，在家中摆设莲蓬有求子求福的寓意。莲子中间有芯，送人莲子也就代表着"郎有心，妹有意"，寓意两人佳偶天成、圆满和美，在婚后会连生贵子。将莲蓬中的莲子取出之后，上面会有许多孔洞，寓意路路通。莲谐音"怜"，莲子就是"怜子"，有怜爱人的意思。古代诗文中，"怜"有喜爱的意思，送人莲子也就有"喜欢你"的意思。

15.柿子

柿子，深秋愈红，饱满润泽，柿树枝条疏密有致，叶子圆润婆娑，一枝可结果实数个至数十个，满树红柿，显得喜气洋洋。

柿和"事"同音，寓意事事如意、万事顺心。据传柿有七绝：一寿，二多阴，三无鸟巢，四无虫，五霜叶可玩，六嘉实，七落叶肥大可以临书。即活得时间长、树荫多、树上没有鸟窝、不遭虫害、霜叶可供玩赏、果子好吃、落叶阔大可以用来写字。

16.花生

花生，是日常生活中较为常见的一种农作物。人们认为，多吃花生，可长寿健康，因此花生还有一个别名叫作"长生果"，因此花生有健康幸福、长命百岁的寓意。花生是一种多果实的植物，人们借花生寓意多子多福、子孙满堂。新人结婚时，会在婚床上撒上花生、桂圆、红枣等物，以祝愿新人早生贵子、龙凤降临。

17.树叶

一花一世界，一叶一菩提。变化无穷的一片树叶，承载了多少期望和祝福，寓大于天，平凡之中蕴含非凡，这大概就是佛法与民俗的共鸣吧。世界上没有两片相同的叶子，每一片叶子都是

独一无二的。情侣互赠叶子，寓意
"你是我的唯一"，十分浪漫温
馨。将一片玉叶赠予爱人，能表达
刻骨铭心的爱恋。从前王侯将相的
女儿称为"金枝玉叶"，这不仅
表明其高贵身份，也寓意其有如
玉一般温婉美好的品质，流传至
今，成为高贵、美丽、智慧的女性
代名词。枝繁叶茂，寓意子孙繁

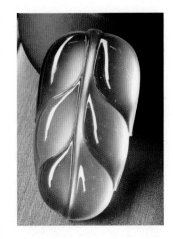

衍兴旺。"叶"与"业"同音，寓意事业有成、安居乐业、大业
有成。

18.桃子

桃子是一种常见的水果，古代被认为是仙家吃的水果，吃了
可以保佑人们健康无病，寓意着长
命百岁，所以桃子又被叫作仙桃、
寿果。现在给家中老人祝寿时，都会
送上带有桃子元素的寿礼，以此祝愿
家中的老人健康长寿。桃"子繁而易
植"，象征多子多福，成熟的桃树果
实累累，寓意生活越来越顺利、越来
越富足。

五、玉如意

清《事物异名录》云："如意者，古之爪杖也"，"如意"是由古代的笏和搔杖演变而来，当时人们用它来搔手顾不到的痒处，可如人之意，故称如意，俗称"不求人"。因为寓意的美好，从朝堂到民间都广泛使用，是集宫廷礼仪、民间往来、陈设

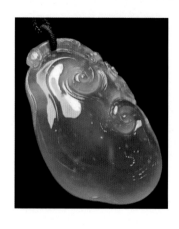

赏玩为一体的珍贵之物。我们现在常见到的玉如意挂件多为灵芝和祥云造型。灵芝作为可药、可食的珍贵菌种植物，从古至今都为人们所称赞；而祥云象征祥瑞的云气，在《易经》中被解释为"变化云为，吉事有祥"。如意有事事如意的寓意。

六、手镯

玉镯亦称"钏""手环""臂环"等，是一种套在手腕上的环形装饰品，简朴大方的造型深为大众所喜爱，佩戴玉镯不仅仅限于宫廷贵族，平民百姓对此也十分热衷。

唐代佛教盛行，在佛教题材的壁画和绘画作品中，常有仕

女、飞天、菩萨等佩戴玉手镯的形象，反映了唐代妇女佩戴玉手镯的流行风尚。

翡翠手镯的色泽温润代表着仁慈的信念，硬实的质地象征着坚韧，光亮圆滑的外形则表示做人平和、完满的态度。它外表富丽、高贵、美丽，象征着温婉、和谐、平安、完美。它能显现配戴者手腕与手臂的美丽，提升整个人的气质。

男生送女生手镯，主要取意谐音"守着"，表示男生希望用心灵守护女生，同时表达男生对女生的疼爱。如果是长辈送晚辈

手镯，一般是成双成对的，此时送手镯主要是取"平安幸福"之意，表达长辈的祝福与关爱。朋友之间相赠，类型很多，以手链和串珠最为流行，此时的含义主要在于铭记永恒的友谊。

"佳人如玉，美玉天成"，"宝玉天地造，翡翠传千年"，翡翠手镯和谐典雅，无疑是对东方女性之美最好的诠释。

附录二　翡翠行业中的常用术语

一、赌石类

1.神仙难断寸玉

在挑选翡翠毛料时，任何人都没有绝对的把握。翡翠原石绝大部分都有一层皮壳，使用强光电筒和X光都不能准确分析毛料内部情况，只能通过对皮壳的认识，大致判断玉质的好坏；就算是

一解为二的大玉石，继续切片后也会出现较大变化。因此风险很大，一些有多年赌石经验的行家也会失手，所以有"神仙难断寸玉"一说。

2.一刀穷一刀富

原石，第一刀解开后，价值远远高于购买价，业内称为一刀富。有人花大价钱购得翡翠原石，解一刀后，从解口看到的玉质不好，价值大打折扣，更有甚者会倾家荡产，称为一刀穷。有时

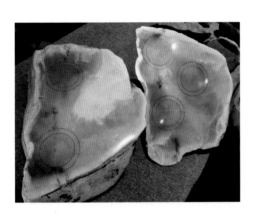

解开的原石赌性仍然较大，有人以较低价格购得别人已经解口的原石，再解一刀，发现里面玉石的价值远远高于购买的价格，有时高出几十倍甚至几百倍。

3.疯子来卖疯子买，还有疯子在等待

赌石具有不确定性。一些外壳表现并不太好的原石，有人却要以特别高的价格卖出，称为疯子来卖。各人赌石的眼光不同，外壳表现不好的原石也会有人赌，愿意花较高价格去买，称为疯子买。有些人并不太懂翡翠原石，总幻想将买来的原石一刀解开变富翁，称为疯子在等待。

4.宁买一条线，不买一大片

选购翡翠原石时，有些原石表面可以看到一条绿色的带子，有些已"开窗"的原石，可以看到一条色带。这样的表现，大多数情况下绿色会进入翡翠内部，原石价值也会增加。有些原石在表面可以看到一片绿色，或是"开窗"后，绿色呈片状。但很多情况下，绿色没有进入玉质内部，只在表面有，原石价值就会降低。所以购买翡翠原石，宁买一条线，不买一大片。

5.龙到处有水

一块玉质疏松、透明度不高的毛料中，有颜色的位置玉质细腻、透明度高，出现这样的情况，业内称龙到处有水。

6.一分水，二分水

观察翡翠原石时，"一分水"是指强光照射原石，光线能透过3毫米，"二分水"是指强光照射原石，光线能透过6毫米，以此类推。

7.苍蝇翅

也称"翠性"，指翡翠原石断面的晶面、解理面细小的反光。颗粒较粗的翡翠成品，有时也能见到"苍蝇翅"现象。

8.场口

指缅甸翡翠的产地、矿区、场区，如后江、帕岗、莫西沙、木纳、大木坎等，都是音译过来的名词。

9.全赌石

业内一般把保留全皮的翡翠原石和开了小窗的原石称为全赌石或全赌料。

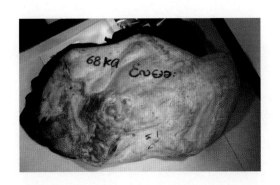

10.半赌石

业内一般把磨掉一块皮壳的原石和切开一面的原石称为半赌石或半赌料。

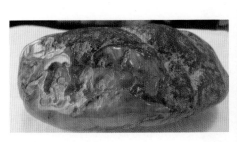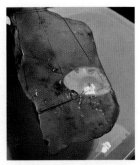

11.明料

业内一般把切开的翡翠原石和已经切成片状的翡翠原料称为明料、片料。

二、形制类

1.毛货

翡翠雕刻成型后，没有打磨抛光的半成品称毛货。

2.摆件

玉石雕刻题材的一种，一般指不宜佩戴和把玩的大型雕件，只能摆放展示。

3.手把件

部分成品玉件，戴在脖子上显大，作为摆件又偏小，拿在手上把玩最合适，我们称这样的玉件为手玩件、手把件。

4.随形

一种是由于翡翠原石品质很好，雕刻会破坏原石品质，只把原材料打磨成型的玉件。一种是由于玉料小，只做修型和线条处理的玉件。

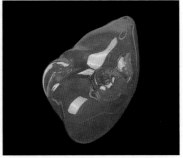

5.避裂

设计雕刻时，把玉石里的细纹、裂纹，用雕刻花纹的技法遮盖。

三、种水类

1.老种、种老

翡翠玉质晶体小，结构细腻，肉眼不易看到颗粒，业内称老种、种老。

2.新种、种嫩

玉石晶体大，结构粗，玉件的颗粒感较明显，我们称玉件是新种、种嫩。也有不良商家，把B货、C货称为新种翡翠，这是欺骗消费者的做法。

3.水足、水长、水头好

翡翠透明度较高，我们称其水足、水长、水头好。

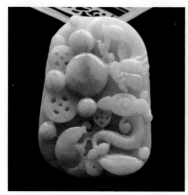

4.没有水头、水干、水短

翡翠不透明或透明度较差，我们称其没有水头、水干、水短。

5.玻璃种

透明度很高，玉质非常细腻（肉眼完全看不到颗粒），如同玻璃一样，称为玻璃种翡翠。

6.冰种

透明度高，玉质细腻（肉眼看不到颗粒或者只看到很少颗粒），就像冰一样，称为冰种翡翠。

7.糯种

透明度一般，玉质较细腻（肉眼看得到颗粒），如同煮烂的稀饭一样，称为糯种翡翠。

8.豆种

透明度较差，玉质粗（肉眼看得到明显的颗粒），这样的翡翠，称为豆种翡翠。

9.瓷底

透明度差，或者完全没有透光度，玉质细腻（肉眼看不到颗粒），绝大多数呈白色的翡翠，称为瓷底翡翠。

四、地张类

1.帝王绿：

指玉质非常细腻（肉眼完全看不到颗粒），透明度非常高，绿色与玉肉完全融合，且不偏黄色调也不偏青色调的翡翠。

2.蓝水：

指玉质很细腻（肉眼看不到颗粒或者只有很少颗粒）、透明度高、颜色偏蓝色调的翡翠。

3.晴水：

指玉质很细腻（肉眼看不到颗粒或者只有很少颗粒）、透明度高、颜色偏淡绿色调的翡翠。

4.龙石种：

指玉质非常细腻（肉眼完全看不到颗粒）、透明度很高、有较强的折射光、绿色与玉肉完全融合的翡翠。

5.雷打种：

指结构疏松、透明度很差、玉肉上布满裂纹的翡翠原石。

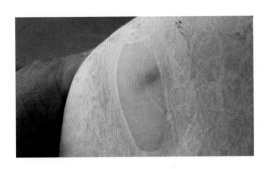

五、颜色类

1.色根

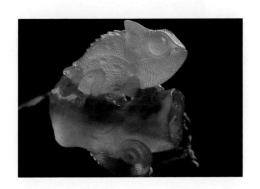

在玉石内部，颜色深与浅过渡的地方，业内将颜色深的位置，称为色根。

2.高翠

业内多将鲜艳绿色的翡翠，称为高翠。

3.椿带彩

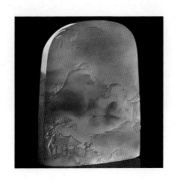

含紫色和绿色或蓝色的翡翠，称为椿带彩翡翠。

4.三彩、福禄寿

同一件翡翠上面，有红、绿、白三种颜色，称为三彩或福禄寿翡翠。

5.福禄寿喜

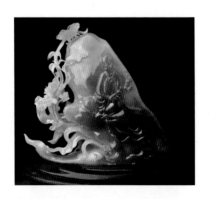

同一件翡翠上，有红、绿、白、黄四种颜色，称为福禄寿喜翡翠。

六、成品类

1.刚性

当光线照射到玉石内部时，肉眼可观察到的折射光，光感清晰、锐利，我们称这件翡翠有刚性。

2.起胶

当光线照射到玉石内部时，肉眼可观察到的折射光，光感柔和、朦胧，我们称这件翡翠有胶感，或者称起胶。

3.钢音

用玛瑙棒、铁棒或翡翠成品，敲击另一件翡翠成品时，所发出的清脆声音，叫钢音。钢音一般在敲击玉质细腻的手镯和吊坠时出现。

4.癣

指翡翠原石表面的黑色部位，也指成品上的黑色杂质。

5.雾

指翡翠原石表皮与玉肉之间的内层皮，也指成品上的一种分布均匀的细腻白棉类杂质。

6.俏色巧雕

指设计、雕刻时，将有色或有杂质的部分，用一种或多种图形、图案表现出来的形式。

7.月下美人，灯下玉

在月光下看美女，不能完全观察清楚人物的形象，人们感受到的更多的是意境美、朦胧美；在灯下观察翡翠，由于灯光的色调、色温不一，且灯光会刺激眼睛，导致无法清晰观察翡翠的颜色、瑕疵等，使我们肉眼看到的玉石呈现的状况不真实。所以我们挑选翡翠时，尽量不要在灯光下看，要选择在自然光下观察。

8.鉴定证书

权威地质、珠宝鉴定机构，可对翡翠是否是天然品给出结论，并出具证明书。非天然翡翠制品同样可出证书，但是会标明

"翡翠（处理）"。证书不是鉴定真假的唯一途径，非法机构出具假证书的成本低，不法商家在利益的驱使下，会给B货、C货出天然翡翠的鉴定证书，欺骗消费者。

▲ 注胶翡翠，鉴定证书显示为：翡翠（处理）

▲ B+C货，做出的假证书

七、重量类

翡翠交易时，很少会按重量来论价格，一般按一件或者一批来计价。

1吨=1000公斤，1公斤=1000克，1斤=500克，1克=5克拉，1克拉=100分，1分=10厘。

八、报价类

玉石报价小五，大小四。小五，指1、2、3万；大小四，指3000。翡翠报价时，小指数字1、2、3，中指数字4、5、6，大指数字7、8、9。三指百位，四指千位，五指万位，六指十万位，七指百万位，八指千万位。小三指100、200、300，中五指4万、5万、6万，大七指700万、800万、900万，以此类推。

九、K金纯度

K金（Karat gold）别称K黄金，是黄金与其他金属熔合而成的合金。K金的"K"是外来语"Karat"一词的缩写，完整的表示法：Karat gold（即K黄金），"Au"或"G"是国际上用来表示黄金纯度（即含金量）的符号。理论上没有纯度100%的24K黄金，实际约99.99%，然后K值每降低1，纯度下降约4.166%。常见如22K金（Au916），黄金纯度为91.6652%；18K金（Au750），黄金纯度为74.998%；14K金（Au585），黄金纯度为58.324%；9K金（Au375），黄金纯度为37.4994%。

现在市场上常可见到标为24K GP、22K GP和18K GP的首饰，其实，GP这两个字母是"包金"或"镀金"的英文"gold-plate"缩写，因此这些首饰都是24K金、22K金和18K金的镀金首饰。

附录三 精品翡翠鉴赏

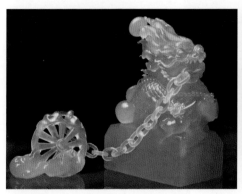

▲ 麒麟

▼ 福寿延年

▼ 指点江山

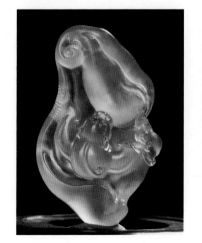

▲ 荷趣

▲ 饱读经书

▲ 海市蜃楼

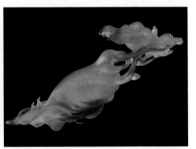

▲ 问道

▲ 海底世界

▲ 和平使者

▲ 如意延年

▲ 马到成功

▲ 花开富贵

▲ 硕果累累

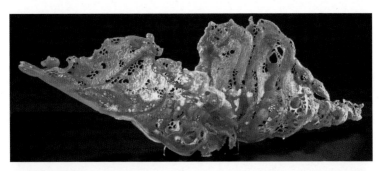

▲ 力量 黄福寿

▲ 夏趣 黄福寿

▲ 采蜜　黄福寿

▲ 观音　加龙

▲ 地藏菩萨　加龙

▲ 财神　加龙

▲ 福寿如意 麦少怀

▲ 祥龙送瑞 麦少怀

▲ 地之籁 王朝阳

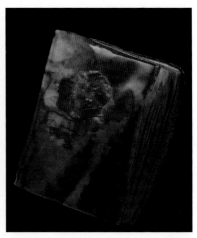

▲ 毛主席语录 王朝阳

▲ 财神　王国清，林新兴　　　　　　▲ 财神局部　王国清，林新兴

▲ 财神局部　王国清，林新兴　　　　▲ 千里江山局部　王国清，林新兴

▲ 千里江山局部　王国清，林新兴　　/▲ 千里江山　王国清，林新兴

▲ 千里江山局部 王国清，林新兴

▲ 飞龙 王俊懿

▲ 度母 王俊懿

▲ 幻化 王俊懿

▲ 渔 王俊懿

▲ 观音 许群豪

▲ 文殊菩萨 许群豪

▲ 弥勒 许群豪

▲ 蝶恋花 叶金龙

▲ 花之灵 叶金龙

▲ 螳螂 叶金龙

▲ 春意 叶金龙

▲ 高洁 张炳光

▲ 竹影 张炳光

▲ 岁寒三友 张炳光

.